国家中等职业教育改革发展
示范校建设项目成果

工厂供配电系统的安装与维修工作页

gongchang gongpeidian xitong de anzhuang yu weixiu gongzuoye

主　编　周敬业
副主编　高小霞
参　编　刘足堂　费红蕾　杨　辉

知识产权出版社
全国百佳图书出版单位

责任编辑：石陇辉　　　　责任校对：董志英
封面设计：刘　伟　　　　责任出版：孙婷婷

图书在版编目（CIP）数据

工厂供配电系统的安装与维修工作页/周敬业主编．—北京：知识产权出版社，2016.5
国家中等职业教育改革发展示范校建设项目成果
ISBN 978－7－5130－2175－3

Ⅰ.①工…　Ⅱ.①周…　Ⅲ.①工厂—供电系统—设备安装—中等专业学校—教学参考资料②工厂—配电系统—设备安装—中等专业学校—教学参考资料③工厂—供电系统—维修—中等专业学校—教学参考资料④工厂—配电系统—维修—中等专业学校—教学参考资料　Ⅳ.①TM727.3

中国版本图书馆CIP数据核字（2013）第176957号

国家中等职业教育改革发展示范校建设项目成果
工厂供配电系统的安装与维修工作页
周敬业　主编

出版发行：知识产权出版社有限责任公司
社　　址：北京市海淀区西外太平庄55号
邮　　编：100081
网　　址：http://www.ipph.cn
邮　　箱：bjb@cnipr.com
发行电话：010－82000860转8101/8102
传　　真：010－82005070/82000893
责编电话：010－82000860转8175
责编邮箱：shilonghui@cnipr.com
印　　刷：北京中献拓方科技发展有限公司
经　　销：新华书店及相关销售网点
开　　本：787mm×1092mm　1/16
印　　张：9.5
版　　次：2016年5月第1版
印　　次：2016年5月第1次印刷
字　　数：223千字
定　　价：28.00元
ISBN 978-7-5130-2175-3

审定委员会

序

根据《珠海市高级技工学校“国家中等职业教育改革发展示范校建设项目任务书”》的要求，2011 年 7 月至 2013 年 7 月，我校立项建设的数控技术应用、电子技术应用、计算机网络技术和电气自动化设备安装与维修四个重点专业，需构建相对应的课程体系，建设多门优质专业核心课程，编写一系列一体化项目教材及相应实训指导书。

基于工学结合专业课程体系构建需要，我校组建了校企专家共同参与的课程建设小组。课程建设小组按照“职业能力目标化、工作任务课程化、课程开发多元化”的思路，建立了基于工作过程、有利于学生职业生涯发展的、与工学结合人才培养模式相适应的课程体系。根据一体化课程开发技术规程，剖析专业岗位工作任务，确定岗位的典型工作任务，对典型工作任务进行整合和条理化。根据完成典型工作任务的需求，四个重点建设专业由行业企业专家和专任教师共同参与的课程建设小组开发了以职业活动为导向、以校企合作为基础、以综合职业能力培养为核心，理论教学与技能操作融合贯通的一系列一体化项目教材及相应实训指导书，旨在实现“三个合一”：能力培养与工作岗位对接合一、理论教学与实践教学融通合一、实习实训与顶岗实习学做合一。

本系列教材已在我校经过多轮教学实践，学生反响良好，可用做中等职业院校数控、电子、网络、电气自动化专业的教材，以及相关行业的培训材料。

珠海市高级技工学校

前　言

本书是电气自动化设备安装与维修专业优质核心课程“工厂供配电系统的安装与维修”的工作页。课程建设小组以电气自动化岗位工作任务分析为基础，以国家职业资格标准为依据，以综合职业能力培养为目标，以典型工作任务为载体，以学生为中心，运用一体化课程开发技术规程，根据典型工作任务和工作过程设计课程教学内容和教学方法，按照工作过程的顺序和学生自主学习的要求进行教学设计并安排教学活动，共设计了6个学习任务，每个学习任务下设计了5～7个学习活动，每个学习活动通过5～7个教学环节来完成学习活动。通过这些学习任务，重点对学生进行工厂供配电系统行业的基本技能、岗位核心技能的训练，并通过完成工厂供配电系统的安装与维修典型工作任务的一体化课程教学达到与电气自动化设备安装与维修专业对应的工厂供配电系统岗位的对接，实现“学习的内容是工作，通过工作实现学习”的工学结合课程理念，最终达到培养高素质技能人才的培养目标。

本书由我校电气自动化设备安装与维修专业相关人员与珠海市许继电气有限公司等单位的行业企业专家共同开发、编写完成。全书由周敬业担任主编，高小霞担任副主编，参加编写的人员有刘足堂、费红蕾、杨辉。全书由卢光飞和刘足堂统稿，高小霞对本书进行了审核与优化，曾德华等参加了审稿和指导工作。

由于时间仓促，编者水平有限，加之改革处于探索阶段，书中难免有不妥之处，敬请专家、同仁给予批评指正，为我们的后续改革和探索提供宝贵的意见和建议。

编　者

目　　录

学习任务一 工厂负荷计算

【学习目标】

（1）能阅读“工厂负荷计算”工作任务单，明确工时、工艺要求，明确个人任务要求。

（2）能正确对供配电系统进行负荷计算和短路计算。

（3）勘察现场，制订工作计划。

（4）正确使用电工常用工具，并根据任务要求，列出所需工具和材料清单，准备工具，领取材料。

（5）能正确计算负荷，正确选择供配电系统中导线、电缆、开关电器等设备。

（6）计算后，能按施工任务的要求直观检查。

（7）按电工作业规程，作业完毕后清点工具、人员，收集材料，清理工程垃圾，拆除防护措施。

（8）能正确填写任务单的验收项目，并交付验收。

（9）工作总结与评价。

【建议课时】

30 课时

【工作流程与活动】

学习活动一　明确工作任务

学习活动二　勘察现场情况

学习活动三　制订工作计划

学习活动四　负荷计算前准备

学习活动五　供配电系统负荷计算

学习活动六　施工项目验收

学习活动七　工作总结与评价

【工作情境描述】

某公司提出给工厂新机械车间进行供配电，用户要求三天内完成该项工作，安装公司同意接受该项工作任务，开出任务单并委派维修电工人员前往工厂作业，并按客户要求一天完成该工厂供配电系统负荷计算并正确选择低压配电元器件，把客户验收单交付公司。

学习活动一　明确工作任务

【学习目标】

（1）能阅读“工厂负荷计算”工作任务单。
（2）能明确工时、工艺要求。
（3）能明确个人任务要求。

【学习地点】

供配电实训室

【学习课时】

4 课时

【学习过程】

（1）阅读安装工作联系单（见表 1－1），回答问题。

表 1－1　　安装工作联系单

流水号：　2011－09－037

类别：水□ 电□ 暖□ 土建□ 其他□		日期：　年　月　日	
安装地点	工厂机械车间现场		
安装项目	工厂负荷计算		
需求原因			
申报时间	年　月　日	完工时间	年　月　日
申报单位		安装单位	电工班
验收意见		安装单位电话	89892222
验收人		承办人	
申报人电话	89897777	承办人电话	
物业负责人	李四	物业负责人电话	89896666

（2）引导问题。

1）该项工作在什么地点进行？

____

____

2）该项工作要求什么时间开始？

3）该项工作要求什么时间完成？

4）该项工作要求多长时间完成？

5）该项工作是哪个单位申报的？

6）该项工作具体内容是什么？

7）该项任务交给你和同组人，你们的名字签在何处？

8）该项工作完成后交给谁验收？

9）验收意见应该是什么内容？

10）你认为使用安装工作联系单有什么作用？

11）该项工作怎样才算完成了？

（3）根据自己对“安装工作联系单”的理解，完成表1-2。

表1-2　　评价表

序号	项目	自我评价		
		10～8	7～6	5～1
1	学习兴趣			
2	正确理解工作任务			

续表

序号	项目	自我评价		
		10～8	7～6	5～1
3	遵守纪律			
4	学习主动性			
5	学习准备充分、齐全			
6	协作精神			
7	时间观念			
8	仪容仪表符合活动要求			
9	语言表达规范			
10	工作效率与工作质量			
总评				
		体会：		

（4）教师点评。

1）找出各组的优点并点评。

2）展示过程中各组的缺点，提出改进方法。

学习活动二　勘察现场情况

【学习目标】

（1）能读懂工厂现场供配电线路情况。

（2）能读懂工厂供配电结构

【学习地点】

施工现场

【学习课时】

2 课时

【学习过程】

（1）勘察施工现场，描述现场的特征。机械车间的设备分布如图 1－1 所示。

（2）根据图 1－1 填写表 1－3。

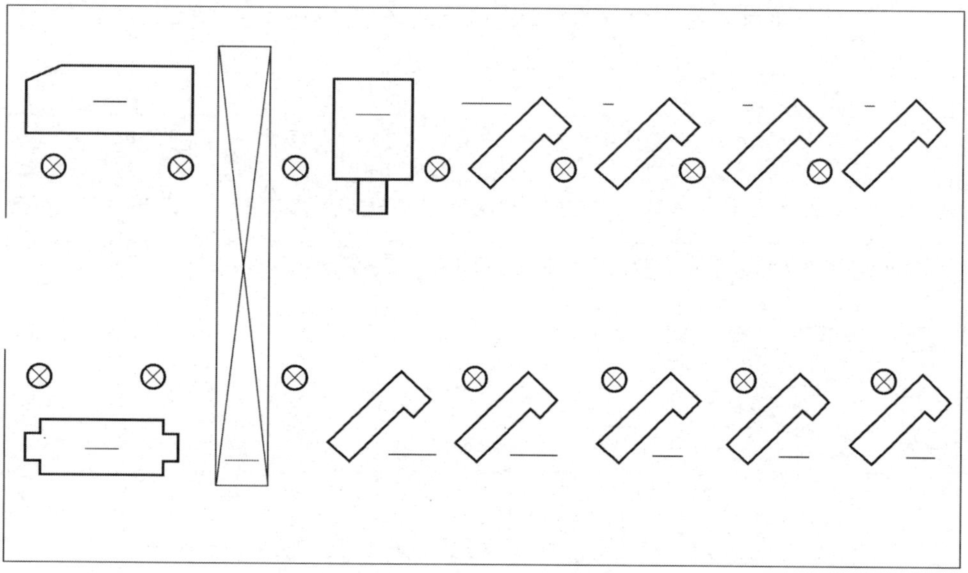

图 1-1　机械车间的设备分布

表 1-3　**机械车间设备明细表**

序号	设备名称	设备容量/kW	台数

（3）引导问题。

1）根据机械车间设备分布图分析工厂有哪些区？

2）根据机械车间设备分布图分析车间主要功能是什么？所用电压是多少伏？

3）根据机械车间设备分布图分析大型车床有几台？电压多大？设备容量多大？

4）根据机械车间设备分布图分析铣床有几台？电压多大？设备容量多大？

5）根据机械车间设备分布图分析卧式车床有几台？电压多大？设备容量多大？

____

____

6）根据机械车间设备分布图分析数控车床有几台？电压多大？设备容量多大？

____

____

7）根据机械车间设备分布图分析车间照明有哪几部分？

____

____

（4）本人完成“自我评价”，教师完成“教师评价”内容。评价表见表1－4。

表1－4　评价表

序号	项目	自我评价			小组评价			教师评价		
		10～8	7～6	5～1	10～8	7～6	5～1	10～8	7～6	5～1
1	学习兴趣									
2	正确识读电路图									
3	遵守纪律									
4	学习主动性									
5	元件认识程度									
6	协作精神									
7	时间观念									
8	仪容仪表符合活动要求									
9	语言表达规范									
10	工作效率与工作质量									
总评										

（5）教师点评（教师根据各组展示分别点评）。

1）找出各组的优点并点评。

2）展示过程中各组的缺点，提出改进方法。

学习活动三　制订工作计划

【学习目标】

（1）勘察现场后，制订工作计划。

（2）能根据任务要求，列举所需工具和材料清单。

【学习地点】

供配电实训室

【学习课时】

2 课时

【学习过程】

（1）引导问题。

1）负荷计算需要的工具有哪些？

____

____

2）负荷计算需要的材料有哪些？

____

____

3）负荷计算的主要内容是什么？

____

____

（2）工作计划表。可以是表格的形式，也可以是流程图或者文字的形式，描述你对现场勘查的信息记录，经小组讨论后，制订相应的工作计划。

（3）根据制订出的工作计划领取实施任务所需要的工具及材料。

为完成工作任务，每个工作小组需要向工作站内仓库工作人员借用工具并领取材料。工作组借用工具清单如表 1－5 所示。工作组借用材料清单如表 1－6 所示。

表 1－5　　工作组借用工具清单

序号	名称	数量	规格	单位	借出时间	借用人签名	归还时间	归还人签名	管理员签名	备注

表 1－6　　工作组借用材料清单

序号	名称	规格型号	单位	申领数量	实发数量	归还时间	归还人签名	管理员签名	备注

（4）各个小组可以通过不同的形式展示本组学员完成的工作计划表和例举的工具清

单，以组为单位进行评价。其他组对展示小组的过程及结果进行相应的评价，评价内容见表 1 - 7 的“小组评价”内容。本人完成“自我评价”，教师完成“教师评价”内容。

表 1 - 7　　评价表

序号	项目	自我评价			小组评价			教师评价		
		10～8	7～6	5～1	10～8	7～6	5～1	10～8	7～6	5～1
1	学习兴趣									
2	遵守纪律									
3	计划表达形式									
4	列出材料数量									
5	列出材料质量									
6	列出工具数量									
7	列出工具质量									
8	协作精神									
9	查阅资料的能力									
10	工作效率与工作质量									
总评										

（5）教师点评（教师根据各组展示分别作有的放矢的评价）。

1）找出各组的优点并点评。

2）展示过程中各组的缺点，提供改进方法。

学习活动四　负荷计算前准备

【学习目标】

（1）能根据车间设备计算负载情况。

（2）能掌握正确计算负荷的方法。

（3）能正确选择低压元器件。

【学习地点】

供配电实训室

【学习课时】

10 课时

【学习过程】

1. 计算负荷的方法

计算负荷，是通过统计计算求出的、用来按发热条件选择供电系统中各元件的负荷值。按计算负荷选择的电气设备和导线电缆，如以计算负荷持续运行，其发热温度不致超出允许值，因此通常取30min平均最大负荷 P_{30} 作为计算负荷。

计算负荷是供电设计计算的基本依据。如果计算负荷确定得过大，会使设备和导线选择偏大，造成投资过大和有色金属的浪费；如果计算负荷确定得过小，又将使设备和导线选择偏小，造成设备和导线运行时过热，增加电能损耗和电压损耗，甚至使设备和导线烧毁，造成事故。因此正确确定计算负荷具有重要的意义。但是由于负荷情况复杂，影响计算负荷的因素很多，虽然各类负荷的变化有一定规律可循，但准确确定计算负荷却十分困难。实际上，负荷也不可能是一成不变的，它与设备的性能、生产的组织以及能源供应等多种因素有关，因此负荷计算也只能力求接近实际。

目前普遍采用的确定计算负荷的方法主要是简便实用的需要系数法和二项式系数法，本书主要讲解需要系数法。用电设备组的需要系数、二项式系数及功率因数见表1-8。

表1-8　　用电设备组的需要系数、二项式系数及功率因数

用电设备名称	需要系数 K_d	二项式系数		最大容量设备台数	$\cos\varphi$	$\tan\varphi$
		B	C			
小批量生产的金属冷加工机床电动机	0.16～0.2	0.14	0.4	5	0.5	1.73
大批量生产的金属冷加工机床电动机	0.18～0.25	0.14	0.5	5	0.5	1.73
小批量生产的金属热加工机床电动机	0.25～0.3	0.24	0.4	5	0.5	1.73
大批量生产的金属热加工机床电动机	0.3～0.35	0.26	0.5	5	0.65	1.17
通风机、水泵、空压机及电动发电机组	0.7～0.8	0.65	0.25	5	0.8	0.75
非联锁的连续运输机械及铸造车间整砂机械	0.5～0.6	0.4	0.4	5	0.75	0.88
铸造车间桥式起重机	0.1～0.25	0.09	0.3	3	0.5	1.73
锅炉房、机加工、机修和装配车间桥式起重机	0.1～0.15	0.06	0.2	3	0.5	1.73
自动连续装料的电阻炉设备	0.75～0.8	0.7	0.3	2	0.95	0.33
非自动连续装料的电阻炉设备	0.65～0.7	0.7	0.3	2	0.95	0.33
实验室用的小型电热设备（电阻炉、干燥箱等）	0.7	0.7	0		1.0	0
工频感应电炉	0.8				0.35	2.67
高频感应电炉	08				0.6	1.33
电弧熔炉	0.9				0.87	0.57
点焊机、缝焊机	0.35				0.6	1.33
对焊机、铆钉加热机	0.35				0.7	1.02

需要系数法一般用于用电设备台数较多、各台设备容量相差不悬殊的用电系统，通常用于干线、变配电所的负荷计算。一般情况下，设备台数较多时，需要系数选得较小；设备台数较少时，需要系数取大一些。当然，具体要依据实际情况而定。需要系数与用电设备的类别和工作状态关系极大，在实际计算中，要灵活运用。

（1）利用需要系数法计算负荷的基本步骤如下。

1）计算设备组的总容量 P_e；

2）确定有功计算负荷 $P_{30}=K_d p_e$；

3）确定无功计算负荷 $Q_{30}=P_{30}\tan\varphi$；

4）确定视在计算负荷 $S_{30}=P_{30}/\cos\varphi$；

5）计算电流 $I_{30}=S_{30}/(\sqrt{3}U_N)$。

（2）多组用电设备总的计算负荷确定。在确定拥有多组用电设备的干线上或车间变电所低压母线上的计算负荷时，应考虑各组用电设备的最大负荷不同时出现的因素。因此在确定低压干线上或低压母线上的计算负荷时，可结合具体情况对其有功和无功计算负荷计入一个同时系数 K_Σ。对于车间干线，可取 $K_\Sigma=0.85\sim0.95$。对于低压母线，由用电设备组计算负荷直接相加来计算时，可取 $K_\Sigma=0.8\sim0.9$；由车间干线计算负荷直接相加来计算时，可取 $K_\Sigma=0.85\sim0.95$。

（3）设备容量的计算。计算负荷公式中的设备容量 P_e，不包括备用设备的容量，计算时还要考虑设备的工作制。对于长期工作制和短时工作制的三相设备容量，取所有设备（备用设备不计）的额定容量之和。对于断续周期工作制的三相设备容量：如果是电焊机，一般要求设备容量统一换算到 $\varepsilon_{100}=100\%$，设铭牌的容量为 P_N，其负荷持续率为 ε_N，则对应于 ε_{100} 的设备容量为 $P_e=P_N\sqrt{\varepsilon_N}=S_N\cos\varphi\sqrt{\varepsilon_N}$；如果是桥式起重机电动机组，一般要求设备容量统一换算到 $\varepsilon_{25}=25\%$，设铭牌的容量为 P_N，其负荷持续率为 ε_N，则对应于 ε_{25} 的设备容量为 $P_e=2P_N\sqrt{\varepsilon_N}$。

当设备为单相负荷时，要等效于三相设备容量。接于相电压的单相设备，按最大负荷相所接的单相设备容量 $P_{em\varphi}$ 乘以 3 来计算其等效三相设备容量；接于线电压的设备，其等效三相设备容量 $P_e=\sqrt{3}P_{e\varphi}$。

（4）查阅相关资料完成下列问题。

1）计算负荷的主要作用是什么？

____

____

2）计算负荷的供电计算的基本依据是什么？

____

____

3）如果计算负荷过大会造成什么结果？

____

____

4）如果计算负荷过小会造成什么结果？

____

____

5）目前计算负荷普遍采用什么方法？

______

______

6）设备容量如何计算？

______

______

7）有功计算负荷公式是什么？

______

______

8）无功计算负荷公式是什么？

______

______

9）视在计算负荷公式是什么？

______

______

10）计算电流公式是什么？

______

______

11）需要系数法计算负荷的基本步骤是什么？

______

______

12）按以下条件计算负荷。

一金加工车间 380V 线路上，接有流水作业的金属切削机床组电动机 30 台，共 85kW（其中较大容量电机有 11kW 的电动机 1 台，7.5kW 的电动机 3 台，4kW 的电动机 6 台，其他为更小容量电动机）。另有通风机 3 台，共 5kW；电动葫芦 1 个，3kW（$\varepsilon=40\%$）。试用需要系数法确定各组的计算负荷及总的计算负荷。查阅相关资料填写表 1－9。

表 1－9　　计算表

用电设备名称	需要系数 K_d	二项式系数		最大容量设备台数	$\cos\varphi$	$\tan\varphi$
		B	C			
大批量生产的金属冷加工机床电动机						
大批量生产的金属热加工机床电动机						
通风机、水泵、空压机及电动发电机组电动机						
非联锁的连续运输机械及铸造车间整砂机械						
铸造车间桥式起重机						
自动连续装料的电阻炉设备						

续表

用电设备名称	需要系数 K_d	二项式系数		最大容量设备台数	$\cos\varphi$	$\tan\varphi$
		B	C			
非自动连续装料的电阻炉设备						
工频感应电炉						
高频感应电炉						
电弧熔炉						
点焊机、缝焊机						
对焊机、铆钉加热机						

（5）利用 Excel 表格计算负荷，如图 1－2 所示。

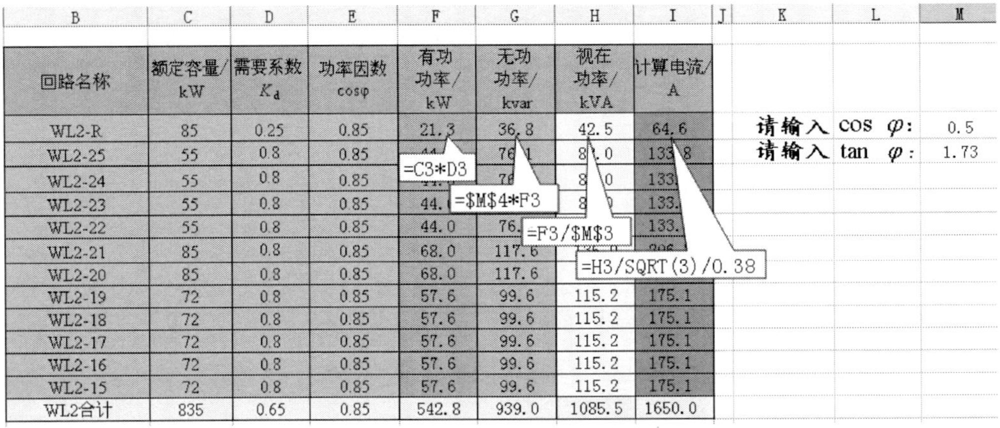

回路名称	额定容量/kW	需要系数 K_d	功率因数 cosφ	有功功率/kW	无功功率/kvar	视在功率/kVA	计算电流/A
WL2-R	85	0.25	0.85	21.3	36.8	42.5	64.6
WL2-25	55	0.8	0.85	[illegible]	[illegible]	[illegible]	133.8
WL2-24	55	0.8	0.85	[illegible]	[illegible]	[illegible]	[illegible]
WL2-23	55	0.8	0.85	[illegible]	[illegible]	[illegible]	[illegible]
WL2-22	55	0.8	0.85	44.0	[illegible]	[illegible]	[illegible]
WL2-21	85	0.8	0.85	68.0	117.6	[illegible]	[illegible]
WL2-20	85	0.8	0.85	68.0	117.6	[illegible]	[illegible]
WL2-19	72	0.8	0.85	57.6	99.6	115.2	175.1
WL2-18	72	0.8	0.85	57.6	99.6	115.2	175.1
WL2-17	72	0.8	0.85	57.6	99.6	115.2	175.1
WL2-16	72	0.8	0.85	57.6	99.6	115.2	175.1
WL2-15	72	0.8	0.85	57.6	99.6	115.2	175.1
WL2合计	835	0.65	0.85	542.8	939.0	1085.5	1650.0

图 1－2　用 Excel 计算负荷

1）确定有功计算负荷 $P_{30}=K_d p_e$＝额定容量 * 需要系统＝C3 * D3；

2）确定无功计算负荷 $Q_{30}=P_{30}\tan\varphi$＝有功功率 *　$\tan\varphi$＝ \$M\$4 * F3；

3）确定视在计算负荷 $S_{30}=P_{30}/\cos\varphi$＝有功功率/ $\cos\varphi$＝F3/ \$M\$3；

4）确定计算电流 $I_{30}=S_{30}/(\sqrt{3}U_N)$　＝视在功率 * $\sqrt{3}$ * 0.38＝H3/SQRT（3）/0.38。

注意： SQRT（3）在 Excel 表示$\sqrt{3}$，0.38 表示 0.38kV（380V）。

2. 低压配电电器的选择

（1）低压配电电器的选用原则。

1）电器的额定电压应与所在回路标称电压相适应。

2）电器的额定电流不应小于所在回路的计算电流。

3）电器的额定频率应与所在回路的频率相适应。

4）电器应适应所在场所的环境条件。

5）电器应满足适中条件下的动稳定与热稳定的要求。

6）用于断开适中电流的保护电器，应满足短路条件下的通断能力。

（2）低压断路器的选择。

低压断路器表示断路器性能的主要指标有通断能力和保护特性。通断能力是断路器在指定的使用和工作条件下，能在规定的电压下接通和分断的最大电流值。

断路器能在故障的情况下，自动地切断短路电流和过载电流，它的主要参数是额定电流、额定电压、断流能力等。按线路额定电压进行选择时应满足下列条件：

$$U_N \geqslant U_{NL}$$

式中：U_N 为断路器的额定电压（V）；U_{NL} 为线路的额定电压（V）。

国产塑壳式断路器的额定电流为 6A、10A、20A、32A、50A、100A、200A、250A、315A、400A 和 600A 等。当线路计算电流选择时，应能满足下式：

$$I_N \geqslant I_{30}$$

式中：I_N 为断路器的额定电流（A）；I_{30} 为线路的计算电流（A），下标 30 是指电路接通后 30s 时的电流值（A）。

（3）低压熔断器的选择。

对于照明等冲击电流很小的负载，熔体的额定电流 I_{RD} 等于或稍大于电路和实际工作电流 I。

$$I_{RD} \geqslant I \text{ 或 } I_{RD} \geqslant (1.1 \sim 1.5)\ I$$

对于起动电流较大的负载，如电动机等，熔体的额定电流 I_{RD} 等于或稍大于电路的实际工作电流 I 的 1.5～2.5 倍。

$$I_{RD} \geqslant (1.5 \sim 2.5)\ I$$

对于多台电动机的供电干线，熔体的额定电流可以按下式计算：

$$I_{RD} = (1.5 \sim 2.5) I_{MQ} + \sum I_{e(n-1)}$$

式中：I_{MQ} 是设备中最大的一台电动机的额定电流；$I_{e(n-1)}$ 是设备中除了最大的一台电动机以外其他所有电动机的额定电流的总和。

（4）隔离开关的选择。

1）根据线路的电压和计算电流，确定隔离开关的额定电压和额定电流，额定电压要大于线路的最高工作电压，额定电流要大于流过的最大工作电流。

2）根据隔离开关的使用场合和安装位置，选择隔离开关的种类。隔离开关的品种很多，选择时要综合考虑，包括安装方式、操作形式等。

3）根据用户的综合条件和投资的状况，确定开关的品牌，可以是国产品牌，也可以是进口品牌；可以是经济实用型的，也可以是豪华耐用型的。

（5）引导问题。

1）低压电器选择原则是什么？

____

____

2）断路器按线路额定电压应满足什么条件？

____

____

3）U_N 代表什么意思？U_{NL} 代表什么意思？

____

____

4）断路器按线路计算电流选择时应满足什么条件？

____

____

5）I_N 代表什么意思？I_{30} 代表什么意思？下标 30 代表什么意思？

____

____

6）熔断器的选择方法是什么？

____

____

7）请写出照明熔断器选择的公式。

____

____

8）对于起动电流较大的负载应如何选择？

____

____

9）请写出隔离开关选择步骤。

____

____

3. 展示与评价

（1）展示各组同学完成任务的过程和成果。必要时各组可以配备讲解人员，负责讲解过程中的详细操作和使用注意事项。在展示的过程中，以组为单位进行评价。其他组对展示小组的成果进行相应的评价，评价内容为表 1－10 的“小组评价”内容；课余时间本人完成“自我评价”，教师完成“教师评价”内容。

表 1－10　　　　评价表

<table>
<tr><td colspan="8">任务评价表</td></tr>
<tr><td colspan="2">班级：________</td><td colspan="2">小组：________</td><td colspan="2">姓名：________</td><td colspan="2">指导教师：________
日期：________</td></tr>
<tr><td rowspan="2">评价项目</td><td rowspan="2">评价标准</td><td rowspan="2">评价依据</td><td colspan="3">评价方式</td><td rowspan="2">权重</td><td rowspan="2">得分小计</td></tr>
<tr><td>学生自评
20%</td><td>小组互评
30%</td><td>教师评价
50%</td></tr>
<tr><td>职业素养</td><td>（1）遵守企业规章制度、劳动纪律
（2）按时按质完成工作任务
（3）积极主动承担工作任务，勤学好问
（4）人身安全与设备安全
（5）工作岗位 6S 完成情况</td><td>（1）出勤
（2）工作态度
（3）劳动纪律
（4）团队协作精神</td><td></td><td></td><td></td><td>0.3</td><td></td></tr>
</table>

续表

任务评价表							
班级：________		小组：________	姓名：________		指导教师：________ 日期：________		
评价项目	评价标准	评价依据	评价方式			权重	得分小计
			学生自评 20%	小组互评 30%	教师评价 50%		
专业能力	（1）了解如何勘察供配电系统电路图 （2）了解供配电系统负荷的计算 （3）掌握各类元器件连接 （4）根据要求完成线路的绘制	（1）操作的准确性和规范性 （2）工作页或项目技术总结完成情况 （3）专业技能任务完成情况				0.5	
创新能力	（1）在任务完成过程中能提出自己的有一定见解的方案 （2）在教学或生产管理上提出建议，具有创新性	（1）方案的可行性及意义 （2）建议的可行性				0.2	
合计							

（2）教师点评。

1）找出各组的优点并点评。

2）展示过程中各组的缺点，提出改进方法。

学习活动五　供配电系统负荷计算

【学习目标】

（1）能掌握供配电系统负荷计算。

（2）能计算负荷并选择电气设备。

（3）施工后，能按施工任务书的要求直观检查。

【学习地点】

教室

【学习课时】

4 课时

【学习过程】

（1）引导问题。

1）通过多媒体设备上网查阅“制图规程、电工手册”等相关资料。制图前要进行哪些必要的措施？顺序是怎样？

____

____

2）有功计算负荷如何计算？

____

____

3）无功计算负荷如何计算？

____

____

4）视在计算负荷如何计算？

____

____

5）电流如何计算？

____

____

6）总负荷如何计算？

____

____

7）负荷计算要利用哪些设备？

____

____

（2）用需要系数法计算负荷。

计算设备组的总容量 P_e；

确定有功计算负荷 $P_{30}=K_d p_e$；

确定无功计算负荷 $Q_{30}=P_{30}\tan\varphi$；

确定视在计算负荷 $S_{30}=P_{30}/\cos\varphi$；

确定计算电流 $I_{30}=S_{30}/(\sqrt{3}U_N)$。

勘察现场情况图如图 1－3 所示。请根据勘察现场情况图完成供电负荷计算。

（3）制订工作计算并实施。

1）计划的制订需要考虑如下问题。①确定完成任务的工作过程中使用到的电工工具的使用方法和安全注意事项、规程、工艺要求。②制订施工具体步骤。

2）确定工作流程。拿你的计划和小组其他成员的计划比较，相互借鉴、组合、优化，通过讨论定出一个可行的完整计划，并按计划步骤填写工作流程图（见图 1－4，方框不够可以另加、有多可以留空白）。

3）现场施工。

①在学生施工前，教师要做规范性示范操作。

②在学生进行施工时，教师要进行巡回指导，发现问题及时解决。

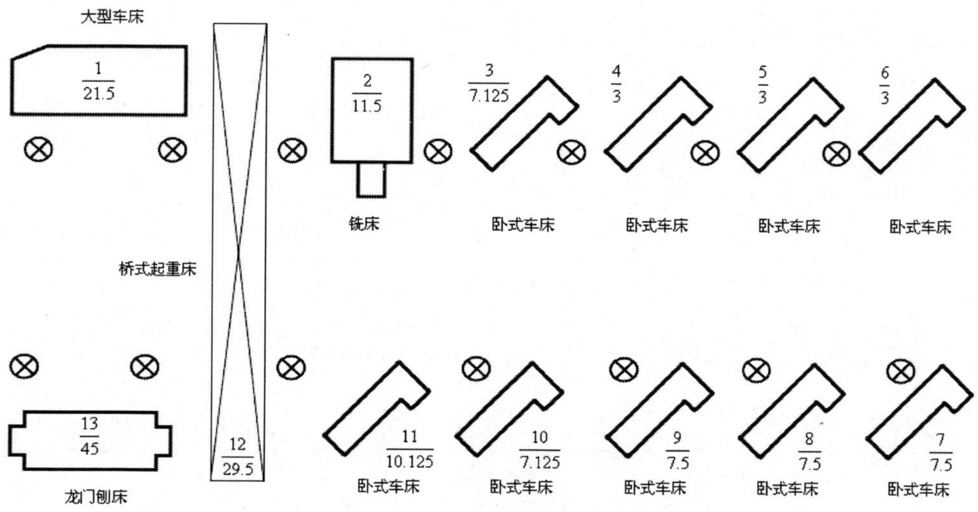

图 1－3 勘察现场情况

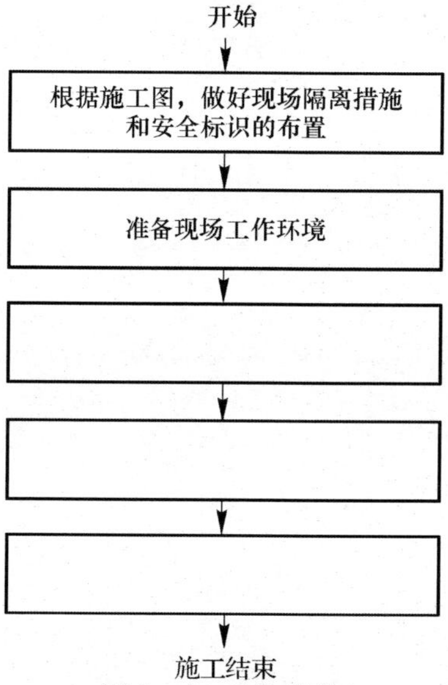

图 1－4 工作流程

（4）展示与评价。

1）在施工过程中，所用到的工具你能否正确使用？能否熟练操作？

____

____

2）施工是否顺利？能按时完成施工吗？

____

____

3）小组分工是否合理？是否出现纠纷？配合是否良好？

____

____

4）总结这次任务是否达到学习目标。

____

____

5）有哪些地方需要在今后的学习任务中改良？

____

____

6）各个小组展示施工后的成果，以组为单位进行评价，其他组对展示小组的过程及结果进行相应的评价。评价内容为表 1－11 的“小组评价”内容。课余时间本人完成“自我评价”，教师完成“教师评价”内容。

表 1－11　评价表

<table>
<tr><td colspan="8">任务评价表</td></tr>
<tr><td colspan="2">班级：__________</td><td>小组：__________</td><td colspan="2">姓名：__________</td><td colspan="3">指导教师：__________
日期：__________</td></tr>
<tr><td rowspan="2">评价项目</td><td rowspan="2">评价标准</td><td rowspan="2">评价依据</td><td colspan="3">评价方式</td><td rowspan="2">权重</td><td rowspan="2">得分小计</td></tr>
<tr><td>学生自评
20%</td><td>小组互评
30%</td><td>教师评价
50%</td></tr>
<tr><td>职业素养</td><td>（1）遵守企业规章制度、劳动纪律
（2）按时按质完成工作任务
（3）积极主动承担工作任务，勤学好问
（4）人身安全与设备安全
（5）工作岗位 6S 完成情况</td><td>（1）出勤
（2）工作态度
（3）劳动纪律
（4）团队协作精神</td><td></td><td></td><td></td><td>0.3</td><td></td></tr>
<tr><td>专业能力</td><td>（1）了解如何勘察供配电系统电路图
（2）了解供配电系统负荷的计算
（3）掌握各类元器件连接
（4）根据要求完成线路的绘制</td><td>（1）操作的准确性和规范性
（2）工作页或项目技术总结完成情况
（3）专业技能任务完成情况</td><td></td><td></td><td></td><td>0.5</td><td></td></tr>
<tr><td>创新能力</td><td>（1）在任务完成过程中能提出自己的有一定见解的方案
（2）在教学或生产管理上提出建议，具有创新性</td><td>（1）方案的可行性及意义
（2）建议的可行性</td><td></td><td></td><td></td><td>0.2</td><td></td></tr>
<tr><td colspan="3">合计</td><td colspan="5"></td></tr>
</table>

7）教师点评。

①找出各组的优点并点评。

②展示过程中各组的缺点，提出改进方法。

学习活动六　施工项目验收

【学习目标】

(1) 负荷计算完成后，能按施工任务书的要求直观检查。
(2) 作业完毕后能清点工具、人员，收集剩余材料，清理工程垃圾。
(3) 能正确填写任务单的验收项目，并交付验收。

【学习地点】

施工现场

【学习课时】

4 课时

【学习过程】

(1) 引导问题。

1) 作业完毕后清点并整理所用的工具。

____

____

2) 作业完毕后收集剩余材料。清理工程垃圾的具体工作有哪些?

____

____

完成施工后，学生对照自己的成果进行直观检查，学生自己完成"自检"部分内容，同时也可以由老师安排其他同学（同组或别组同学）进行"互检"，并填写表 1-12。

表 1-12　评价表

项目	自检		互检	
	合格	不合格	合格	不合格
车间设备总容量计算				
有功计算负荷				
无功计算负荷				
计算电流				

(2) 教师点评。

1) 找出各组的优点并点评。

2) 展示过程中各组的缺点，提出改进方法。

学习活动七　工作总结与评价

【学习目标】

（1）真实评价学生的学习情况。

（2）培养学生的语言表达能力。

（3）展示学生学习成果，树立学生学习信心。

【学习地点】

教室

【学习课时】

4 课时

【学习过程】

（1）同学们以小组形式，通过演示文稿、展板、海报、录像等形式，向全班展示、汇报学习成果。展示内容可以有以下几方面。

1）通过制图过程学到了什么（专业技能和技能之外的东西）？

2）展示最终完成的成果并说明它的优点。

3）安装质量存在问题吗？若有问题，是什么问题？什么原因导致的？下次该如何避免？

4）讨论你组的成果以什么形式展示？

（2）各个小组可以通过各种形式，对整个任务完成情况的工作总结进行展示，以组为单位进行评价，其他组对展示小组的过程及结果进行相应的评价，评价内容为表 1－13 的“小组评价”内容。课余时间本人完成“自我评价”，教师完成“教师评价”内容。

表 1－13　　评价表

序号	项目	自我评价			小组评价			教师评价		
		10～8	7～6	5～1	10～8	7～6	5～1	10～8	7～6	5～1
1	学习兴趣									
2	任务明确程度									
3	现场勘察效果									
4	学习主动性									
5	承担工作表现									
6	协作精神									
7	时间观念									
8	质量成本意识									
9	安装工艺规范程度									
10	创新能力									
总评										

（3）教师点评。

1）找出各组的优点并点评。

2）展示整个任务完成过程中各组的缺点，提出改进方法。

学习任务二

工厂供配电图纸绘制

【学习目标】

（1）能阅读工厂供配电图纸，明确工时、工艺要求，明确个人任务要求。

（2）能识别各种低压元器件符号，识读电路原理图。

（3）根据勘察施工现场，制订工作计划。

（4）正确使用工具，并根据任务要求列出所需工具和材料清单，准备工具，领取材料。

（5）能按现场、工艺要求、制图规程要求，进行工厂供配电制图。

（6）制图后，能按施工任务的要求直观检查。

（7）按规程制图作业完毕后能清点工具、人员，收集材料，清理工程垃圾。

（8）能正确填写任务单的验收项目，并交付验收。

（9）工作总结与评价。

【建议课时】

30 课时

【工作流程与活动】

学习活动一　明确工作任务

学习活动二　勘察工厂供配电情况

学习活动三　制订工作计划

学习活动四　制图前准备

学习活动五　绘制工厂供配电电路图

学习活动六　施工项目验收

教学活动七　工作总结与评价

【工作情境描述】

某工厂提出要对工厂配电房进行改造，用户要求一个月完成该项工作，安装公司同意接受该项工作任务，开出任务单并委派维修电工人员前往工厂作业，并按客户要求两天完成该工厂供配电电路图，把客户验收单交付公司。

学习活动一　明确工作任务

【学习目标】

（1）能阅读“工厂供配电电路图绘制”工作任务单。
（2）能明确工时、工艺要求。
（3）能明确个人任务要求。

【学习地点】

供配电实训室

【学习课时】

4课时

【学习过程】

（1）阅读安装工作联系单（见表2－1），回答问题。

表2－1　**安装工作联系单**

流水号：

类别：水□ 电□ 暖□ 土建□ 其他□		日期：　年　月　日	
安装地点	×××工厂供配电房		
安装项目	工厂供配电电路图绘制		
需求原因			
申报时间	年　月　日	完工时间	年　月　日
申报单位	工厂供配电房	安装单位	电工班
验收意见		安装单位电话	89892222
验收人		承办人	
申报人电话	89897777	承办人电话	
物业负责人	李四	物业负责人电话	89896666

（2）引导问题。

1）该项工作在什么地点进行？

____

____

2）该项工作要求什么时间开始做？

____

____

3）该项工作要求什么时间完成？

4）该项工作要求多长时间完成？

5）该项工作是哪个单位申报的？

6）该项工作具体内容是什么？

7）该项任务交给你和同组人，你们的名字签在何处？

8）该项工作完成后交给谁验收？

9）验收意见应该是什么内容？

10）你认为使用安装工作联系单有什么作用？

11）该项工作怎样才算完成了？

（3）根据各同学对“安装工作联系单”的理解，完成“自我评价”内容。评价表见表2－2。

表2－2　　评价表

序号	项目	自我评价		
		10～8	7～6	5～1
1	学习兴趣			
2	正确理解工作任务			
3	遵守纪律			
4	学习主动性			
5	学习准备充分、齐全			
6	协作精神			
7	时间观念			

续表

序号	项目	自我评价		
		10～8	7～6	5～1
8	仪容仪表符合活动要求			
9	语言表达规范			
10	工作效率与工作质量			
总评				
		体会：		

（4）教师点评。

1）找出各组的优点并点评。

2）展示过程中各组的缺点，提出改进方法。

学习活动二　勘察工厂供配电情况

【学习目标】

（1）能读懂工厂供配电线路情况。

（2）能读懂工厂供配电结构。

【学习地点】

施工现场

【学习课时】

2 课时

【学习过程】

（1）勘察施工现场，描述现场的特征，并绘制出施工图。工厂现场平面图见图 2－1。

（2）引导问题。

1）根据工厂现场平面图分析工厂有哪些区。

____

____

2）车间主要功能是什么？所用电压是多少伏？

____

____

3）库房主要功能是什么？所用电压是多少伏？

____

____

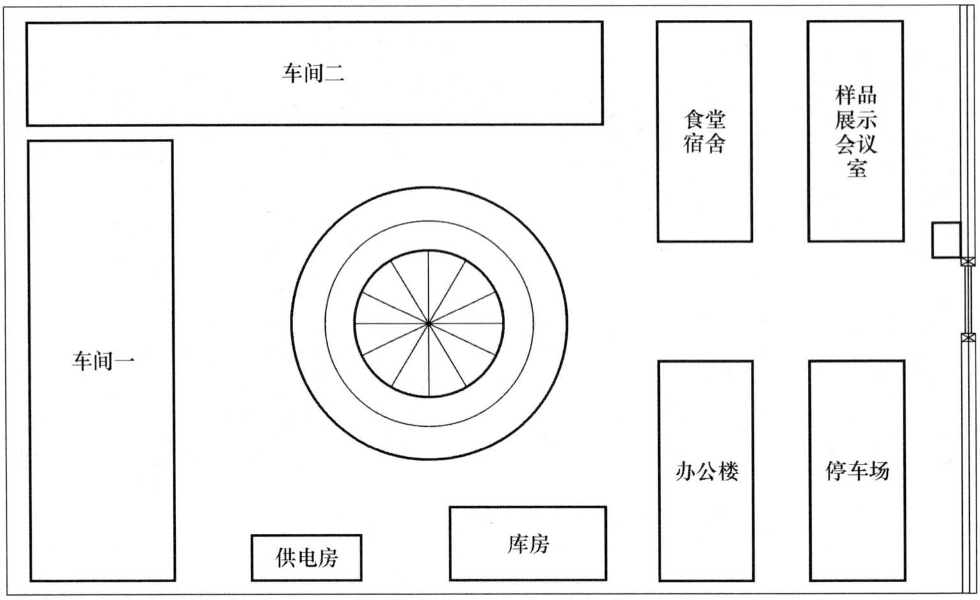

图 2-1　工厂现场平面

4）食堂和宿舍所用电压是多少伏？

5）办公楼主要功能是什么？所用电压是多少伏？

6）请你描述施工现场有何特征。

7）请根据施工现场的环境和特点，绘制出现场施工图。

（3）各个小组可以通过不同的形式展示本组学员对本教学活动的理解，以组为单位进行评价，其他组对展示小组的过程及结果进行相应的评价。评价内容为表 2-3 的“小组评价”内容。课余时间本人完成“自我评价”，教师完成“教师评价”内容。

表 2-3　　评价表

序号	项目	自我评价			小组评价			教师评价		
		10～8	7～6	5～1	10～8	7～6	5～1	10～8	7～6	5～1
1	学习兴趣									
2	现场勘察效果									
3	遵守纪律									
4	观察分析能力									

续表

序号	项目	自我评价			小组评价			教师评价		
		10～8	7～6	5～1	10～8	7～6	5～1	10～8	7～6	5～1
5	准备充分、齐全									
6	协作精神									
7	时间观念									
8	仪容仪表符合活动要求									
9	与客户沟通能力									
10	工作效率与工作质量									
总评										

（4）教师点评。

1）找出各组的优点并点评。

2）展示过程中各组的缺点，提出改进方法。

学习活动三　制订工作计划

【学习目标】

（1）能勘察现场后制订工作计划。

（2）能根据任务要求，列举所需工具和材料清单。

【学习地点】

供配电实训室

【学习课时】

2课时

【学习过程】

（1）引导问题。

1）绘制电路图需要的工具有哪些？

____

____

2）绘制电路图需要的材料有哪些？

____

____

3）绘制电路图的主要内容是什么？

____

____

（2）工作计划表可以是表格的形式，也可以是流程图的形式或者文字的形式。描述你对现场勘查的信息记录，并制订相应的工作计划。经小组讨论后，制订出工作计划。

（3）根据制订出的任务方案领取实施任务所需要的工具及材料。为完成工作任务，每个工作小组需要向工作站内仓库工作人员借用工具及领取材料，见表2－4和表2－5。

表2－4　　工作组借用工具清单

序号	名称	数量	规格	单位	借出时间	借用人签名	归还时间	归还人签名	管理员签名	备注

表2－5　　工作组借用材料清单

序号	名称	规格型号	单位	申领数量	实发数量	归还时间	归还人签名	管理员签名	备注

（4）各个小组可以通过不同的形式展示本组学员完成的工作计划表和例举的工具清单，以组为单位进行评价，其他组对展示小组的过程及结果进行相应的评价，评价内容为表2－6的“小组评价”内容。本人完成“自我评价”，教师完成“教师评价”内容。

表2－6　　评价表

序号	项目	自我评价			小组评价			教师评价		
		10～8	7～6	5～1	10～8	7～6	5～1	10～8	7～6	5～1
1	学习兴趣									
2	遵守纪律									
3	计划表达形式									
4	列出材料数量									
5	列出材料质量									
6	列出工具数量									
7	列出工具质量									
8	协作精神									
9	查阅资料的能力									
10	工作效率与工作质量									
总评										

（5）教师点评。

1）找出各组的优点并点评。

2）展示过程中各组的缺点，提出改进方法。

学习活动四　制图前准备

【学习目标】

（1）能识别各种电气元器件的符号。

（2）能掌握一次电路和二次电路的绘制。

（3）能正确绘制电路图。

【学习地点】

供配电实训室

【学习课时】

10 课时

【学习过程】

1. 380/220V 低压配电系统

380/220V 低压配电系统是指以 6～10kV 配电变压器二次侧或低压发电站为电源，供动力、照明等用电负载使用的供电系统。

（1）380/220V 低压电气系统具有以下特点。

1）一般采用三相四线（三根相线一根中性线）供电系统，提供三相 380V 和单相 220V 电源，满足动力、照明负载对电源电压的一般要求。

2）一般车间的照明干线应和动力干线分开，照明电源应接在动力进线总开关的进线侧。

3）对于特别重要的负载，有时应考虑两个电源，在用电设备最后控制的一级进行自动切换，以保证不间断运行；必要时，电源变压器之间的低压系统，可考虑相互联络、相互供电。

4）电气系统的基本形式通常采用放射式、树干式及环形式。

常见的 380/220V 低压配电系统一次回路如图 2－2 所示。

（2）查阅相关资料完成下列问题。

1）放射式低压配电系统的特点是什么？

____

____

2）树干式低压配电系统的特点是什么？

____

____

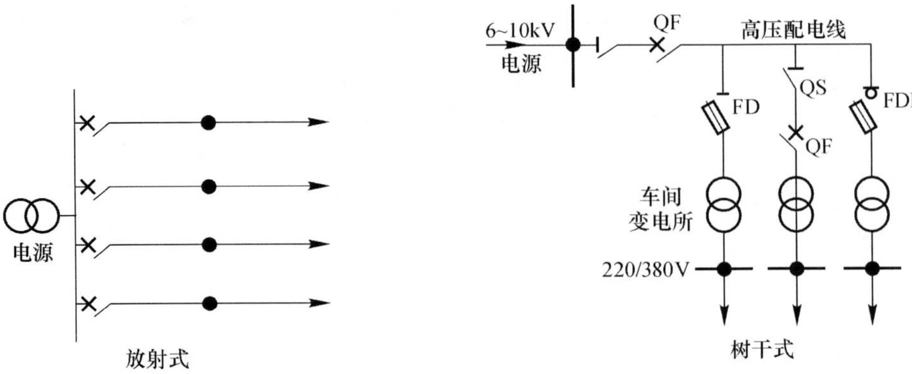

图 2－2　380/220V 低压配电系统一次回路

3）三相四线是哪三相哪四线？

____

____

4）低压配电系统的电压是多少伏？

____

____

2. 电路图绘制原则

（1）图形符号的种类和组成如下。

1）图表符号一般分为限定符号、一般符号、方框符号，以及标记或字符。

2）限定符号不能单独使用，必须同其他符号组合使用，构成完整的图形符号。如交流电动机的图表符号，由文字符号、交流的限定符号，以及轮廓要素组成。

延时过流继电器图形符号，由测量继电器方框符号要素、特性量值大于整定值时动作和延时动作的限定符号，以及电流符号组成。

3）方框符号一般用在使用单线表示法的图，（如系统图和框图）中，由方框符号内带有限定符号以表示对象的功能和系统的组成。例如，整流器图表符号，由方框符号内带有交流和直流的限定符号，以及可变性限定符号组成。

常用电气图形符号及文字符号表见表 2－7。

（2）图形符号使用一般规定如下。

1）所规定的图形符号均按无电压、非激励、无外力、不工作的正常状态示出。例如，继电器和接触器在非激励的状态；断路器和隔离开关在断开位置；带零位手动控制开关在零位置，不带零位的手动控制开关在图中规定的位置；机械操作开关，如行程开关在非工作的状态；机械操作开关的工作状态与工作位置的对应关系表示在其触点符号的附近。正常状态断开在外力作用下趋于闭合的触点，称为动合（常开）触点；反之，称为动断（常闭）触点。

2）在不改变符号含义的前提下，符号可根据图面布置的需要旋转，但文字应水平书写。

3）使用触点符号的一般规则是：当图形符号垂直放置时从左和右，即动触点在静触点左侧时为动合（常开），在右侧时为动断（常闭）；当图形符号水平放置时为从下向上，即动触点在静触点下方时为动合（常开），在上方时为动断（常闭）。

4）图形符号可根据需要缩小或放大。当一个符号用以限定另一符号时，该符号一般缩小绘制。符号缩小或放大时，各符号间及符号本身的比例应保持不变。

5）有些图形符号具有几种图形形式，使用时应优先采用“优选形”，在同一张电气图中只能选用同一种图形形式。图形符号的大小和线条的粗细均要求基本一致。

6）图形符号中的文字符号、物理量符号等，应视为图形符号的组成部分，须符合本标准中有关内容的规定。

7）同一图形符号表示的器件，当其用途或材料不同时，应在图形符号的右下角用大写英文名称的字头表示其区别。

表 2-7　　常用电气图形符号及文字符号表

序号	名称	图形符号		文字符号
		形式一	形式二	
1	普通三相刀开关	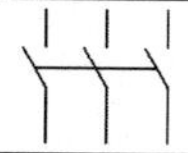	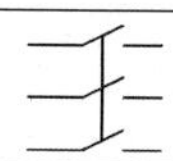	QK
2	三相隔离开关	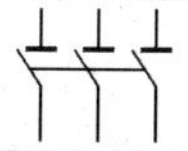	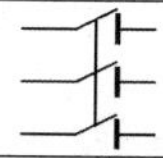	QS
3	三相负荷开关	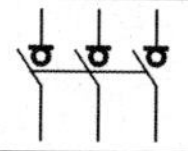	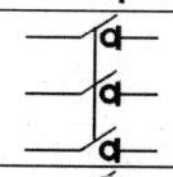	QL
4	三相断路器	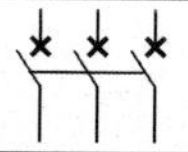	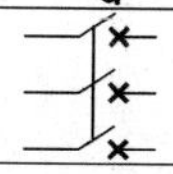	QF
5	三相熔断式刀开关	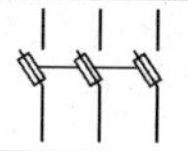	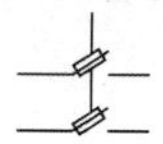	QFS
6	接触器动合主触点			KM
7	接触器动断主触点		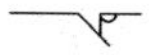	KM
8	接触器动合辅助触点			KM
9	接触器动断辅助触点	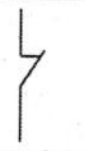		KM
10	中间继电器动合触点			KA
11	中间断电器动断触点	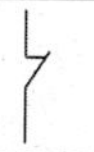		KA
12	热继电器动合触点	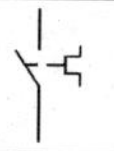	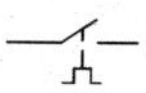	FR
13	热继电器动断触点	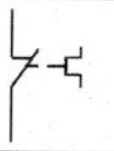	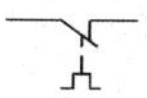	FR

续表

序号	名称	图形符号 形式一	图形符号 形式二	文字符号
14	熔断器			FU
15	急停按钮	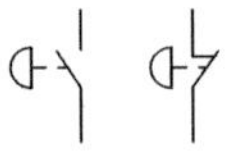		SB
16	指示灯（信号灯）		HL	红色－HR 绿色－HG 黄色－HY 蓝色－HB 白色－HW
17	闪光型信号灯	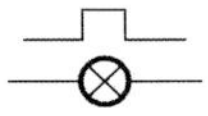	HL	
18	具有动合触点钥匙操作的按钮开关		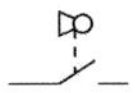	SB
19	电压表			PV
20	电流表			PA
21	电度表（瓦时计）			PJ
22	单相插座	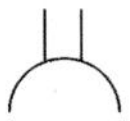	 XS	1P：单相插座 3P：三相插座 1C：单相暗敷 3C：三相暗敷 1EX：单相防爆 3EX：三相防爆 1EN：单相密闭 3EN：三相密闭
23	单相带保护接点电源插座	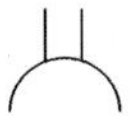	 XS	
24	三相插座	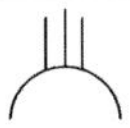	 XS	
25	带接地插孔的三相插座 （三相四孔插座）	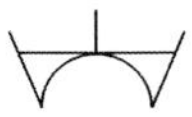	 XS	
26	电抗器			L
27	电流互感器	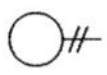	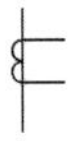	TA
28	电压互感器			TV
29	带灯按钮		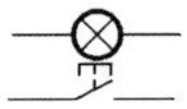	
30	空气加热器			

（3）阅读以上内容填写表 2－8。

表 2－8　　电气元器件表

序号	名称	图形符号	文字符号
1	三相刀开关		
2	三相隔离开关		
3	三相负荷开关		
4	三相断路器		
5	三相熔断式刀开关		
6	接触器主触点		
7	接触器常开辅助触点		
8	熔断器		
9	热继电器常闭辅助触点		
10	热继电器的驱动器件		
11	指示灯（信号灯）		
12	电压表		
13	电流表		
14	电度表		
15	电抗器		
16	电流互感器		
17	电压互感器		

3. 工厂供配电电气系统一次回路

工厂供配电电气系统一次回路图见图 2－3。

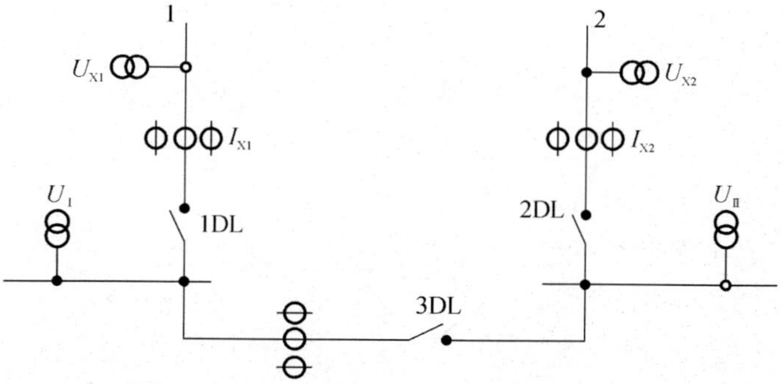

图 2－3　工厂供配电电气系统一次回路图

（1）该电气系统有两个电源。1 号电源为 10kV 架空线路外电源，架空线路电源进入系统时首先经过熔断器加到主变压器，熔断器采用的是户外跌落式熔断器。2 号电源为自备电源，供电可靠性较高。电源进线与配线采用 5 个配电屏。成套配电屏结构紧凑，便于安装、维护和管理。

（2）工作原理。外电源是正常供电源，10kV 电压通过降压变压器变换成 0.4kV，经 3 号配电屏送到低压Ⅱ段母线再经 2 号屏到低压Ⅰ段母线上。为了保证变压器不受大气过电压的侵害，在变压器的高压侧装有 FS－10 型避雷器。自备电源可产生 0.4kV 电压，经 2 号配电屏送到母线上，在外电源因故障或检修中断供电时，可保证重要负荷不间断供电。

（3）该系统的特点有以下几个方面。

1）电源进线与开关设备。10kV 高压电源经降压变压器降至 0.4kV 后，由铝排送到 3 号配电屏，然后送到母线上。3 号配电屏的型号是 BSL－11－01，通过查阅手册得知，其主要用做电源进线。配电屏内有两个刀开关和一个 DW10 型断路器（额定电流为 600A，整定动作电流为 800A），它对变压器过电流、失电压等具有保护作用。两个刀开关，一个与变压器相连，另一个与母线相连，起到隔离电源的作用。配电屏内装有 3 个电流互感器，主要供测量仪表用。

自备电源经一个断路器和一个刀开关送到 2 号配电屏，然后引至母线。断路器采用额定电流为 250A、整定动作电流为 330A 的装置式 DZ 型自动空气断路器，主要用于控制发动机正常送电并对发电机进行保护。刀开关对带电母线起隔离的作用。2 号配电屏的型号是 BSL－11－06（G），为受电或馈电兼联络用配电屏，有一路进线和一路馈线。进线由自备发电机供电，经过 3 只电流互感器和 1 组刀熔开关，然后分为 3 路，其中左边一路直接与Ⅰ段母线相连，右边一路经过隔离开关送到Ⅱ段母线。这里的隔离刀开关作为两段母线的联络开关用，右边另一路接馈线电缆。

2）母线。此系统采用的是单母线分段放射式接线方式，两段母线经上述隔离刀开关进行联络。外电源正常供电时，自备电源不供电，联络开关闭合，母线Ⅰ段、Ⅱ段均由 10kV 架空线路经变压器向系统供电；外电源中断时，变压器出线开关断开，联络开关也断开，由自备电源给Ⅰ段母线供电，此时Ⅱ段母线不得电，只供电给重要负荷。在一定的条件下，也可让两段母线全部带电，但要根据实际情况断开某些负荷，以确保发电机不超载运行。

3）在电气系统一次电路图上，通过图形与文字描述馈电线路的参量有：线路的编号、线路的设备容量（或功率）、计算容量、计算电流、线路的长度、采用的导线或电缆的型号及截面积、线路的敷设与安装方式、线路的电压损失、控制开关及动作整定值、电流互感器、线路供电负荷的地点和名称等。

（4）认真阅读以下内容并填写工作页空白处。

1）请列出该系统的两个电源。

____

____

2）1、2 号电源是从哪里来的？

____

____

3）为什么该系统要用两个电源？

____

____

4）系统中分了几段母线？母线是什么方式接线？

5）2 号配电屏的主要功能是什么？

6）什么情况下 2 号电源才启动？

7）3 号配电屏的主要功能是什么？

8）请列出该系统用了哪些电气设备。

4. 工厂供配电电气系统二次回路

（1）二次回路的基本知识。

二次回路也称二次接线或二次系统。二次回路在供配电系统中虽是对应于一次电路的辅助系统，但它对一次系统的安全、可靠、优质、经济的运行有着十分重要的作用。

二次回路按电源的性质可分为直流回路和交流回路。按其用途可分为断路器控制回路、信号回路、测量回路、断电保护回路和自动装置回路等。二次回路的功能示意图如图 2-4 所示。

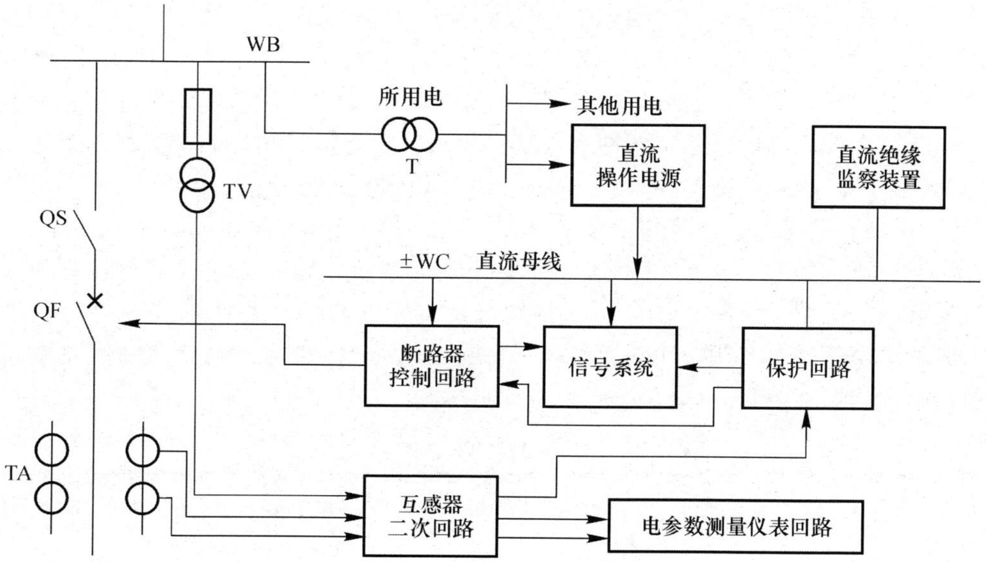

图 2-4 二次回路的功能示意

图中，断路器控制回路的主要功能是对断路器进行通、断操作。当线路发生短路故障时，互感器二次回路有较大的电流，相应断电保护的电流断电器动作，保护回路做出相应的动作。一方面，保护回路中的出口（中间）断电器接通断路器控制回路中的跳闸回路，使断路器跳闸，断路器的辅助触点启动信号系统回路将发出声响和灯光信号；另一方面，保护回路中相应的故障动作回路的信号继电器将向信号回路发出信号。

操作电源主要向二次回路提供所需的电量。电压、电流互感器还向监测及电能计量回路提供回路的电流和电压。参数原理图或展开图通常是按功能电路（如控制回路、保护回路、信号回路）来绘制的，而安装接线图是以设备（如开关柜、仪表盘中的设备）为对象来绘制的。测电流二次回路如图 2－5 所示。测合闸信号二次回路如图 2－6 所示。

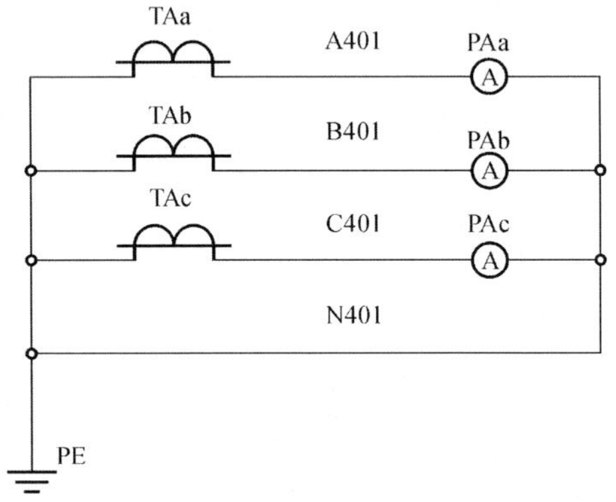

图 2－5　测电流二次回路

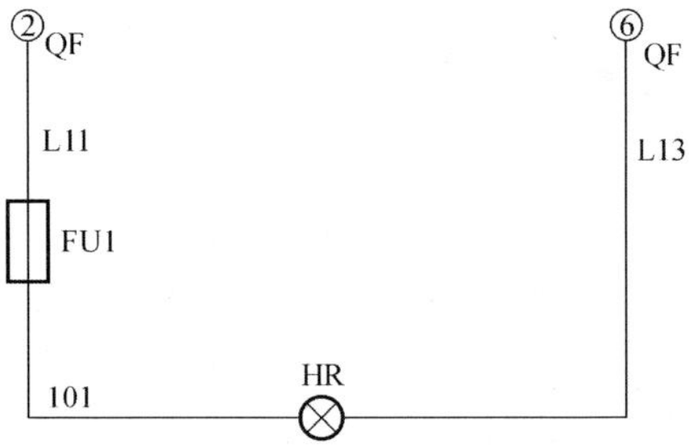

图 2－6　测合闸信号二次回路

（2）二次回路接线图的绘制。

根据电气施工安装的要求，用来表示二次设备的具体位置和布线方式的图形，称为二次回路的接线图。接线图是二次回路设计的最后阶段，用来作为设备制造、现场安装的实用二次接线图，也是运行、调试、检修的主要图纸。在安装图上设备均按实际位置布置，设备的端子和导线、电缆的走向均用符号、标号加以标志。二次接线安装图包括屏面元件布置图、屏后接线图和端子板接线图等几部分组成。原理接线图绘制较简单，下面以安装接线图为例介绍二次接线基本要求及二次接线图的绘制方法。

1）二次回路的编号。为了在安装接线、检查故障等接线、查线过程中，不至于混淆，需对二次回路进行编号。表 2－9 和表 2－10 分别为直流回路和交流回路编号范围。交流电压、电流回路的编号前附上该点所属相别（A、B、C、N）。直流回路在每行主要压降元件左侧使用奇数号、右侧使用偶数号，后两位为 33 的回路为断路器跳闸回路专用，03 为合闸回路专用，安装、调试、检修时应特别注意。

表 2－9　　直流回路编号范围

回路类别	保护回路	控制回路	励磁回路	信号及其他回路
编号范围	01～099	1～599	601～699	701～999

表 2-10　　交流回路编号范围

回路类别	控制保护及信号回路	电流回路	电压回路
编号范围	1～399	400～599	600～799

2）安装接线图的绘制。安装接线图一般应表示出各个项目（指元件、器件、部件、组件和成套设备等）的相对位置、项目代号、端子号、导线号、导线类型和导线截面等内容。

二次设备的表示方法。由于二次设备是从属于某一次设备或电路的，而一次设备或电路又从属于某一成套装置，因此为避免混淆，所有二次设备都必须按 GB/T 5094.2—2003 标明其项目种类代号。电气图中的项目种类代号具体要求如下：

① 电气图中每个用图形符号表示的项目，应有能识别其项目种类和提供项目层次关系、实际位置等信息的项目代号。

② 项目代号可分为 4 个代号段，每个代号段应由前缀符号和字符组成，各代号段的名称及其前缀符号应符合下列规定：

第 1 段　高层代号，其前缀符号为“＝”；

第 2 段　位置代号，其前缀符号为“＋”；

第 3 段　种类代号，其前缀符号为“－”；

第 4 段　端子代号，其前缀符号为“：”。

每个代号段的字符可由拉丁字母或阿拉伯数字构成，或二者组合构成，字母应大写。可使用前缀符号将各代号段以适当方式进行组合。

③ 项目代号应以一个系统、成套装置的依次分解为基础。一个代号表示的项目应是前一个代号所表示项目的一部分。

例如，某高压线路的测量仪表，本身的种类代号为 P。现有有功电能表、无功电能表和电流表，它们的代号分别为 P1、P2、P3。而这些仪表又从属于某一线路，线路的种类代号为 WL，因此对不同线路又要分别标为 WL1、WL2、WL3 等。假设此有功电能表 P1 属于线路 WL3 上使用的，则此有功电能表的项目种类代号应标为“ P1 WL3”。假设对整个变电所来说，线路 WL3 又是 3 号开关柜内的线路，而开关柜的种类代号为 A，因此有功电能表 P1 的项目种类代号，可以更详尽地标为“P1 A3 WL3”。

（3）阅读以上资料完成以下问题。

1）工厂供配电二次回路的作用是什么？

____

____

2）工厂供配电二次回路的用途包括哪些方面？

____

____

3）工厂供配电二次回路有哪几种？

____

____

4）直流回路中保护回路的编号范围是多少？

5）直流回路中控制回路的编号范围是多少？

6）直流回路励磁回路的编号范围是多少？

7）直流回路中信号及其他回路的编号范围是多少？

8）绘制二次接线图一般应表示元器件哪些内容？

5. 工厂供配电系统母线

母线的作用：汇集和分配电能。

（1）单母线接线（见图 2－7）。

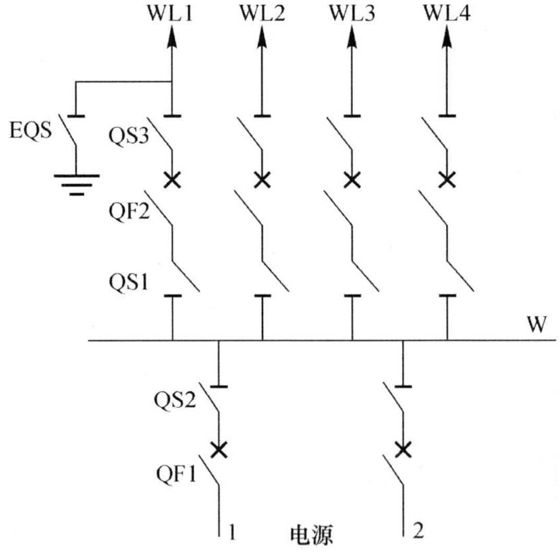

图 2－7　单母线接线

断路器 QF：用来接通或切断电路。

隔离开关 QS：检修断路器时，形成一个明显的断口。

母线隔离开关：紧靠母线的隔离开关 QS1、QS2。

出线隔离开关：靠近线路的隔离开关 QS3。

接地隔离开关 EQS：检修出线时闭合，代替安全接地线的作用。

（2）隔离开关和断路器的操作顺序。

保证隔离开关“先通后断”或在等电位状态下进行操作。

如给出线 WL1 送电时，必须先合 QS1，再合 QS3，最后合上断路器 QF2。

如停止供电，须先断开 QF2，然后再断开 QS3，最后断开 QS1。

此外，为防止误操作，除严格执行操作规程外，在隔离开关和相应的断路器之间，应加装电磁闭锁或机械闭锁。

（3）单母线接线的特点。

优点：接线简单清晰、操作方便、设备少、投资小，隔离开关仅用于检修，不作为操作电器，不容易发生误操作。

缺点：

1）母线和母线隔离开关检修或故障时，将造成全部回路停电。

2）出线断路器检修时，该回路将停电。

（4）单母线分段接线（见图 2-8）。

1）优点：可分段检修母线和母线隔离开关，减小母线故障的影响范围。缺点：出线断路器检修时，该出线停电。

2）运行方式。

①正常运行时，分段断路器 DQF 是断开的。在 DQF 上还装有备用电源自动投入装置，当任一电源失电，电源断路器断开后，DQF 自动接通，保证全部线路的继续供电。

②正常运行时，DQS 是接通的。任一母线故障，DQS 断开，保证非故障段母线可以正常工作。在可靠性要求不高时可以用隔离开关，分段故障时将短时停电拉开分段隔离开关。DQS 后正常段母线即可恢复供电。

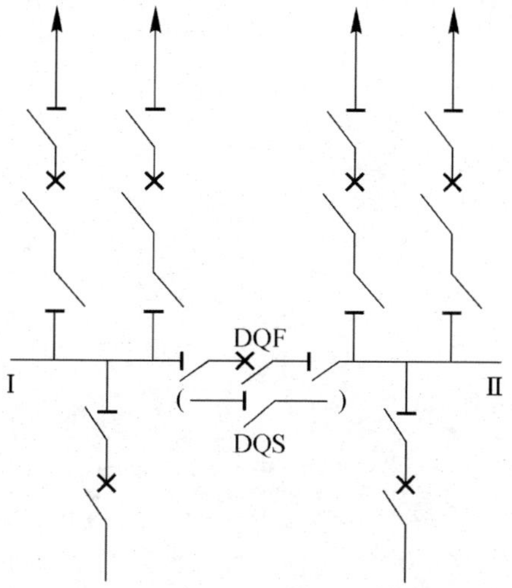

图 2-8 单母线分段接线

DQS—分段隔离开关；DQF—分段断路器

（5）阅读以上内容回答下面的问题。

1）单母线接线的优点是什么？

2）单母线接线的缺点是什么？

3）单母线分段接线的优点是什么？

4）单母线分段接线的缺点是什么？

6. 展示与评价

（1）展示各组同学完成任务的过程和成果。必要时各组可以配备讲解人员，负责讲解过程中的详细操作和使用注意事项。在展示的过程中，以组为单位进行评价，其他组对展示小组的成果进行相应的评价，评价内容为表 2－11 的“小组评价”内容。课余时间本人完成“自我评价”，教师完成“教师评价”内容。

表 2－11　　　　评价表

<table>
<tr><td colspan="8">任务评价表</td></tr>
<tr><td colspan="2">班级：________</td><td>小组：________</td><td colspan="2">姓名：________</td><td colspan="3">指导教师：________
日期：________</td></tr>
<tr><td rowspan="2">评价项目</td><td rowspan="2">评价标准</td><td rowspan="2">评价依据</td><td colspan="3">评价方式</td><td rowspan="2">权重</td><td rowspan="2">得分小计</td></tr>
<tr><td>学生自评
20%</td><td>小组互评
30%</td><td>教师评价
50%</td></tr>
<tr><td>职业素养</td><td>（1）遵守企业规章制度、劳动纪律
（2）按时按质完成工作任务
（3）积极主动承担工作任务，勤学好问
（4）人身安全与设备安全
（5）工作岗位 6S 完成情况</td><td>（1）出勤
（2）工作态度
（3）劳动纪律
（4）团队协作精神</td><td></td><td></td><td></td><td>0.3</td><td></td></tr>
<tr><td>专业能力</td><td>（1）了解供配电系统一次线路图的绘制
（2）了解供配电系统二次线路图的绘制。
（3）掌握各类元器件连接
（4）根据要求完成线路的绘制</td><td>（1）操作的准确性和规范性
（2）工作页或项目技术总结完成情况
（3）专业技能任务完成情况</td><td></td><td></td><td></td><td>0.5</td><td></td></tr>
</table>

续表

评价项目	评价标准	评价依据	评价方式			权重	得分小计
			学生自评 20%	小组互评 30%	教师评价 50%		
创新能力	（1）在任务完成过程中能提出自己的有一定见解的方案 （2）在教学或生产管理上提出建议，具有创新性	（1）方案的可行性及意义 （2）建议的可行性				0.2	
合计							

（2）教师点评。

1）找出各组的优点并点评。

2）展示过程中各组的缺点，提出改进方法。

学习活动五　绘制工厂供配电电路图

【学习目标】

（1）能按照制图规程根据工厂现场工作环境绘制工厂供配电电路图。

（2）能按制图工艺要求进行一次、二次线路图绘制。

（3）施工后，能按施工任务书的要求直观检查。

【学习地点】

教室

【学习课时】

4 课时

【学习过程】

（1）引导问题。

1）通过多媒体设备上网或查阅相关“制图规程、电工手册”等资料。制图前要进行哪些必要的措施？顺序是怎样？

____

____

2）电源母线的绘制方法和步骤是什么？

____

____

3）工厂供配电系统一次回路绘制方法和步骤是什么？

4）工厂供配电系统二次回路绘制方法和步骤是什么？

5）供配电系统各元器件绘制方法是什么？

6）工厂供配电电气系统图应如何布局？

7）供配电回路接线端子如何标记？

（2）电路图绘制规则

电气控制线路图有两种。一种是接线图，这种图反映电气元件和连接导线的实际安装位置，同一电器的各部分画在一起。由于电气接线图线条交叉重叠较多不易分析它的工作情况，主要作为配线安装参考。另一种是电路图，该图采用电气元件展开的形式来绘制，它包括所有电气元件的导线部分和接线端子，但并不按电气元件的实际位置来绘制，而是根据它在电路中所起的作用画在不同的部位上。

下面是绘制电路图遵循的规则：

1）电路图中的实线是基本用图线。

实线——连接线、设备或元件的图形符号的轮廓线都要用实线绘制。其线宽可根据图形的大小在 0.25～1.4mm 选取。

虚线——辅助用图线，用来绘制屏蔽线、机械联动线、不可见轮廓线等。在同一图中，要用同一线宽绘制。

2）图中电气元件的图形和文字符号均应符合最新国家标准。本规程建议使用 GB 4728—2005。

3）同一电器上的各元器件都用同一文字符号和同一数字表示。

4）所有电器开关和触点的开闭状态，均以线圈未通电、手柄置于零位、无外力作用或生产机械在原始位置为基准。

5）本规程所指的电路图均采用电路编号法绘制。对电路或支路用数字编号表示其位置，编号可自左至右或自上至下顺序排列。

6）各电器元件在图中不但标有文字符号，还应标有位置编号，以便寻找对应的元件。

7）当把电路图中的主回路和控制回路画在一起时，主回路应画在左边，控制回路画在右边，一般为竖线画法。

8）几个特殊画法。

①接触器的画法。接触器的线圈下面要画条竖线，在竖线左边写上它的主触点在图中的位置，辅助触点的常开与常闭还要画一竖线分开，左边是常开右边是常闭。

②PLC 各中模块的画法。可画一个矩形框作模块的示意图，但须标出模块上的实际端子号及用于编程时的地址号，还要注清该模块的型号以及插槽号等。

③当某一设备或元件不在本图所在控制柜中时，要用虚线框圈出来并写上它的位置。

9）线号的标注方法。标注线号时建议使用四位数字表示法，即图纸页号 + 该页中的位置号。

10）图纸代号。当系统中有多个控制柜时，为了表述的方便，可用英文字母 A、B、C……Z 对图纸进行分区。

（3）制订工作计划并实施。

1）计划的制订需要考虑如下问题。①确定完成任务的工作过程中使用到的电工工具的使用方法和安全注意事项、规程、工艺要求。②制定施工具体步骤。

2）确定工作流程。拿你的计划和小组其他成员的计划比较，相互借鉴、组合、优化，通过讨论定出一个可行的完整计划，并按计划步骤填写下面的工作流程图（见图 2-9，方框不够可以另加、有多可以留空白）。

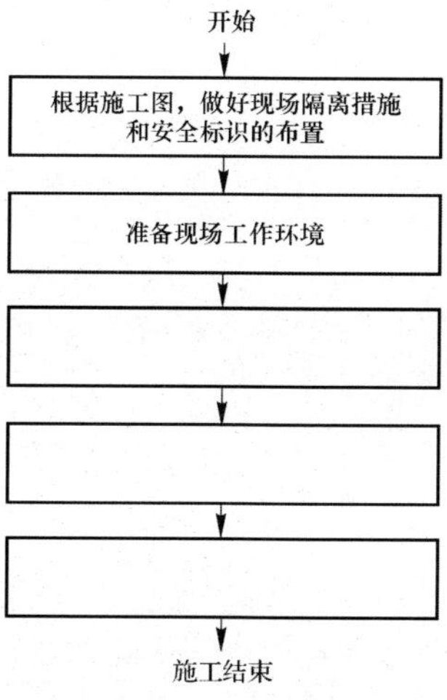

图 2-9　工作流程图

3）现场施工。在学生施工前，教师要做规范性示范操作。在学生进行施工时，教师要进行巡回指导，发现问题及时解决。

（4）展示与评价。

1）在施工过程中，所用到的工具你能否正确使用？能否熟练操作？

____

____

2）在施工是否顺利？能按时完成施工吗？

____

____

3）小组分工是否合理？是否出现纠纷？配合是否良好？

____

____

4）总结这次任务是否达到学习目标。

____

____

5）有哪些地方需要在今后的学习任务中改良？

____

____

6）各个小组展示施工后的成果，以组为单位进行评价，其他组对展示小组的过程及结果进行相应的评价，评价内容为表 2－12 的“小组评价”内容。课余时间本人完成“自我评价”，教师完成“教师评价”内容。

表 2－12　　评价表

<table>
<tr><td colspan="8">任务评价表</td></tr>
<tr><td colspan="2">班级：__________</td><td>小组：__________</td><td colspan="2">姓名：__________</td><td colspan="3">指导教师：__________
日期：__________</td></tr>
<tr><td rowspan="2">评价项目</td><td rowspan="2">评价标准</td><td rowspan="2">评价依据</td><td colspan="3">评价方式</td><td rowspan="2">权重</td><td rowspan="2">得分小计</td></tr>
<tr><td>学生自评
20%</td><td>小组互评
30%</td><td>教师评价
50%</td></tr>
<tr><td>职业素养</td><td>（1）遵守企业规章制度、劳动纪律
（2）按时按质完成工作任务
（3）积极主动承担工作任务，勤学好问
（4）人身安全与设备安全
（5）工作岗位 6S 完成情况</td><td>（1）出勤
（2）工作态度
（3）劳动纪律
（4）团队协作精神</td><td></td><td></td><td></td><td>0.3</td><td></td></tr>
<tr><td>专业能力</td><td>（1）了解供配电系统一次线路图的绘制
（2）了解供配电系统二次线路图的绘制。
（3）掌握各类元器件连接
（4）根据要求完成线路的绘制</td><td>（1）操作的准确性和规范性
（2）工作页或项目技术总结完成情况
（3）专业技能任务完成情况</td><td></td><td></td><td></td><td>0.5</td><td></td></tr>
<tr><td>创新能力</td><td>（1）在任务完成过程中能提出自己的有一定见解的方案
（2）在教学或生产管理上提出建议，具有创新性</td><td>（1）方案的可行性及意义
（2）建议的可行性</td><td></td><td></td><td></td><td>0.2</td><td></td></tr>
<tr><td colspan="2">合计</td><td colspan="6"></td></tr>
</table>

7）教师点评。

1）找出各组的优点并点评。

2）展示过程中各组的缺点，提出改进方法。

学习活动六　施工项目验收

【学习目标】

（1）制图完成后，能按施工任务书的要求直观检查。
（2）作业完毕后能清点工具、人员，收集剩余材料，清理工程垃圾。
（3）能正确填写任务单的验收项目，并交付验收。

【学习地点】

施工现场

【学习课时】

4课时

【学习过程】

（1）引导问题。

1）作业完毕后清点所用的工具有哪些？并整理好工具。

____

____

2）作业完毕后收集剩余材料、清理工程垃圾的具体工作有哪些？

____

____

（2）完成施工后，学生对照自己的成果进行直观检查，学生自己完成“自检”部分内容，同时也可以由老师安排其他同学（同组或别组同学）进行“互检”，并填写表2-13。

表2-13　　评价表

项目	自检		互检	
	合格	不合格	合格	不合格
图纸的布置				
各种元器件的布置				
母线的绘制				
三相四线的绘制				
一次线路的绘制				
二次线路的绘制				
元器件的连接是否合理				

续表

项目	自检		互检	
	合格	不合格	合格	不合格
图纸元器件的注释				
图纸线码的注释				
接线端子绘制				
维修预留长度				
各部位置、尺寸				
接线的正确性				
回路的结构				
美观协调性				

（3）教师点评。

1）找出各组的优点并点评。

2）展示过程中各组的缺点，提出改进方法。

学习活动七　工作总结与评价

【学习目标】

（1）真实评价学生的学习情况。

（2）培养学生的语言表达能力。

（3）展示学生学习成果，树立学生学习信心。

【学习地点】

教室

【学习课时】

4 课时

【学习过程】

（1）同学们以小组形式，通过演示文稿、展板、海报、录像等形式，向全班展示、汇报学习成果。展示内容可以有以下几方面。

1）通过制图过程学到了什么（专业技能和技能之外的东西）？

2）展示你最终完成的成果并说明它的优点。

3）安装质量存在问题吗？若有问题？是什么问题？什么原因导致的？下次该如何避免？

4）讨论你组的成果以什么形式展示？

（2）各个小组可以通过各种形式，对整个任务完成情况的工作总结进行展示，以组为单位进行评价，其他组对展示小组的过程及结果进行相应的评价，评价内容为表 2－14 的“小组评价”内容。课余时间本人完成“自我评价”，教师完成“教师评价”内容。

表 2－14　　　　评价表

序号	项目	自我评价			小组评价			教师评价		
		10～8	7～6	5～1	10～8	7～6	5～1	10～8	7～6	5～1
1	学习兴趣									
2	任务明确程度									
3	现场勘察效果									
4	学习主动性									
5	承担工作表现									
6	协作精神									
7	时间观念									
8	质量成本意识									
9	安装工艺规范程度									
10	创新能力									
总评										

（3）教师点评。

1）找出各组的优点并点评。

2）展示整个任务完成过程中各组的缺点，提出改进方法。

学习任务三

工厂低压开关柜安装与维护

【学习目标】

（1）能阅读“工厂低压开关柜安装与维护”工作任务单，明确工时、工艺要求，明确个人任务要求。

（2）能识别低压开关柜一次、二次电路原理图。

（3）根据施工图纸，制订工作计划。

（4）正确使用电工常用工具，并根据任务要求和施工图纸，列出所需工具和材料清单，准备工具，领取材料。

（5）能按照作业规程应用必要的标识和隔离措施，安全作业。

（6）能按图纸要求、工艺要求、安装规程要求，进行护套线布线施工。

（7）任务完成后，能按工作任务的要求直观检查。

（8）按电工作业规程，作业完成后能清点工具、人员，收集材料，清理工程垃圾，拆除防护措施。

（9）能正确填写任务单的验收项目，并交付验收。

（10）工作总结与评价。

【建议课时】

40 课时

【工作流程与活动】

学习活动一　明确工作任务

学习活动二　识读电路图

学习活动三　制订工作计划

学习活动四　施工前准备

学习活动五　现场施工

学习活动六　施工项目验收

学习活动七　工作总结与评价

【工作情境描述】

公司接收到某工厂提出要求，给工厂配电房的开关柜进行更换，用户要求三天完成该项工作，公司同意接受该项工作任务，开出任务单并委派公司装配人员两天内按照图纸要求把开关柜安装完成，公司维修电工人员两天后验收。

学习活动一　明确工作任务

【学习目标】

（1）能阅读“低压开关柜安装与维修”工作任务单。
（2）能明确工时、工艺要求。
（3）能明确个人任务要求。

【学习地点】

供配电实训室

【学习课时】

4 课时

【学习过程】

（1）阅读安装工作联系单（见表 3－1），回答问题。

表 3－1　　安装工作联系单

类别：水□ 电□ 暖□ 土建□ 其他□		日期：　年　月　日	
安装地点	公司装配电部		
安装项目	低压开关柜安装		
需求原因	某工厂要求更改低压开关柜		
申报时间	年　月　日	完工时间	年　月　日
申报单位		安装单位	电工班
验收意见		安装单位电话	89892222
验收人		承办人	
申报人电话	89897777	承办人电话	
物业负责人	李四	物业负责人电话	89896666

（2）引导问题。

1）该项工作在什么地点进行？

____

____

2）该项工作要求什么时间开始做？

3）该项工作要求什么时间完成？

4）该项工作是哪个单位申报的？

5）该项工作具体内容是什么？

6）该项任务交给你和同组人，你们的名字签在何处？

7）该项工作完成后交给谁验收？

8）验收意见应该是什么内容？

9）你认为使用安装工作联系单有什么作用？

10）该项工作怎样才算完成？

（3）根据各同学对“安装工作联系单”的理解，完成“自我评价”内容。评价表见表3-2。

表3-2　评价表

序号	项目	自我评价		
		10～8	7～6	5～1
1	学习兴趣			
2	正确理解工作任务			
3	遵守纪律			
4	学习主动性			
5	学习准备充分、齐全			

续表

序号	项目	自我评价		
		10～8	7～6	5～1
6	协作精神			
7	时间观念			
8	仪容仪表符合活动要求			
9	语言表达规范			
10	工作效率与工作质量			
总评				
		体会：		

（4）教师点评。

1）找出各组的优点并点评。

2）展示过程中各组的缺点，提出改进方法。

学习活动二　识读电路图

【学习目标】

能识读电路图

【学习地点】

供配电实训室

【学习课时】

12 课时

【学习过程】

1. 识读电路图

工厂供配电回路是指电气设备在电路中相互连接的先后顺序。按照电气设备的功能及电压不同，供电回路可分为一次回路（电气主接线）和二次回路。

2. 一次回路

供电系统的变配电所中承担受电、变压、输送和分配电能任务的电路称为一次回路（一次接线）或主接线。一次回路中的所有电气设备，如变压器、各种高低压开关设备、母线、导线和电缆，以及作为负载的照明和电动机等，称为电气一次设备或一次元器件。开关柜的一次回路方案如图 3-1 所示。

（1）一次回路的特点。

1）一次系统图的基本组成和主要特征一般用概略图来描述。

2）通常仅用符号表示各项设备，而对设备的技术数据、详细的电气接线、电气原理等都不详细表示。详细描述这些内容则要参考分系统电气图、接线图、电路图等。

3）为了简化作图，对于相同的项目，其内部构成只描述了其中的一个，其余项目只在功能框内注以“电路同×××”，避免了对项目的重复描述，图面更清晰，更便于阅读。

4）对于较小系统的电气系统图，除特殊情况外，均画成单线图，并以母线为核心将各个项目（如电源、负载、开关电器、电线电缆等）联系在一起。

5）母线的上方为电源进线，电源的进线如果以出线的形式送至母线，则将此电源进线引至图的下方，然后用转折线接至开关柜，再接到母线上。母线的下方为出线，一般都是经过配电屏中的开关设备和电线电缆送至负载的。

图 3-1　开关柜一次回路方案图

（2）根据以上内容简述一次回路的特点。

____

____

3. 二次回路

为保证一次回路正常、安全、经济地运行而装设的控制、保护、测量、监察、指示及自动装置电路称为副电路，也称为二次回路（二次接线）。二次电路中的设备，如控制开关、按钮、脱扣器、继电器、各种电测量仪表、信号灯及警告音响设备、自动装置等，称为二次设备或二次元器件。开关柜的二次回路如图 3-2、图 3-3 所示。

（1）根据图 3-2、图 3-3 回答以下问题。

1）PE 表示______________________________

2）TAa 表示______________________________

3）PAa 表______________________________

4）A401 表示______________________________

5）QF 表示______________________________

6）FU1 表示______________________________

7）HR 表示______________________________

8）查看相关资料填写表 3-3。

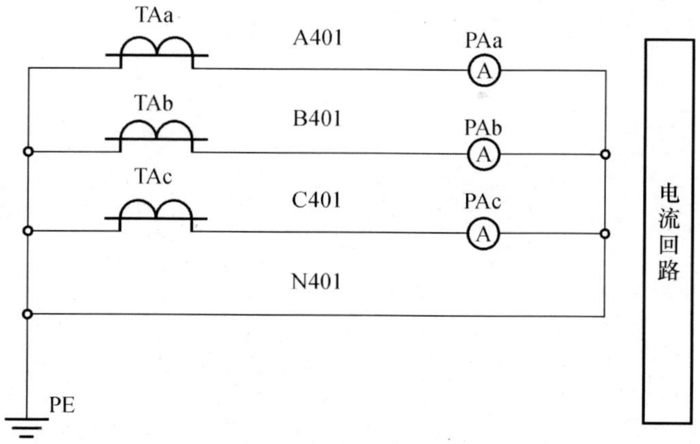

图 3-2　二次回路 1

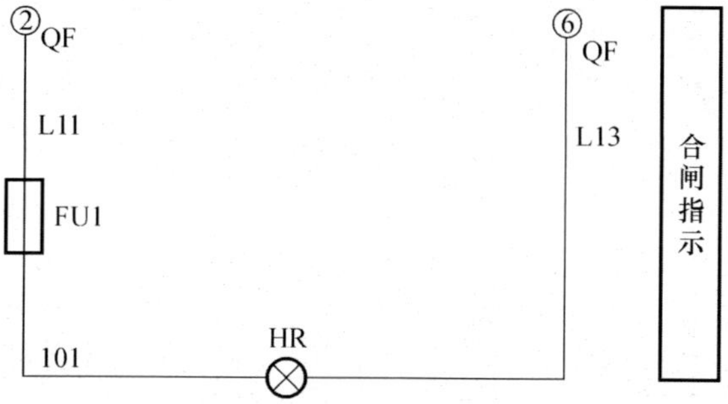

图 3-3　二次回路 2

表 3-3　　**电气元器件表**

名称	文字符号	图形符号
断路器		
熔断器式开关		
熔断器		
电流互感器		
无功电度表		
有功电度表		
交流电压表		
信号灯		

（2）引导问题。

1）有了电气符号图，我们就能阅读电路原理图。在上面的电路原理图中，计量柜一次电路由哪几部分组成？

____

____

2）信号灯在电路中起什么作用？

____

____

3）开关在电路中起什么作用？

____

____

4）熔断器在电路中起什么作用？

____

____

5）该电路中电源是多少伏？

____

____

6）电路的状态有哪三种？

____

____

4. 评价和点评

（1）本人完成“自我评价”，教师完成“教师评价”内容。评价表见表 3－4。

表 3－4　　评价表

序号	项目	自我评价			小组评价			教师评价		
		10～8	7～6	5～1	10～8	7～6	5～1	10～8	7～6	5～1
1	学习兴趣									
2	正确识读电路图									
3	遵守纪律									
4	学习主动性									
5	元件认识程度									
6	协作精神									
7	时间观念									
8	仪容仪表符合活动要求									
9	语言表达规范									
10	工作效率与工作质量									
总评										

（2）教师点评（教师根据各组展示分别作有的放矢的评价）。

1）找出各组的优点点评。

2）展示过程中各组的缺点点评，改进方法。

3）整个任务完成中出现的亮点和不足。

学习活动三　制订工作计划

【学习目标】

（1）能根据施工图纸，制订工作计划。

（2）能根据任务要求和施工图纸，列举所需工具和材料清单。

【学习地点】

供配电实训室

【学习课时】

2课时

【学习过程】

（1）引导问题。

1）安装需要的工具有哪些？

____

____

2）安装需要的材料有哪些？

____

____

3）安装的主要内容是什么？个人要做的工作有哪些？

____

____

4）按图要求电气设备工作电压是多少，工作电流多大？

____

____

（2）工作计划表可以是表格的形式，也可以是流程图或者文字的形式。描述你对现场勘查的信息记录，并制订相应的工作计划。经小组讨论后，制订出最终的工作计划。

（3）根据制订出的任务方案领取实施任务所需要的工具及材料。

为完成工作任务，每个工作小组需要向工作站内仓库工作人员借用工具及领取材料，见表3-5和表3-6。

表 3-5　　工作组借用工具清单

序号	名称	数量	规格	单位	借出时间	借用人签名	归还时间	归还人签名	管理员签名	备注

表 3-6　　工作组借用材料清单

序号	名称	规格型号	单位	申领数量	实发数量	归还时间	归还人签名	管理员签名	备注

（4）各个小组可以通过不同的形式展示本组学员完成的工作计划表和例举的工具清单，以组为单位进行评价，其他组对展示小组的过程及结果进行相应的评价，评价内容为表 3-7 的“小组评价”内容。本人完成“自我评价”，教师完成“教师评价”内容。

表 3-7　　评价表

序号	项目	自我评价			小组评价			教师评价		
		10～8	7～6	5～1	10～8	7～6	5～1	10～8	7～6	5～1
1	学习兴趣									
2	遵守纪律									
3	计划表达形式									
4	列出材料数量									
5	列出材料质量									
6	列出工具数量									
7	列出工具质量									
8	协作精神									
9	查阅资料的能力									
10	工作效率与工作质量									
总评										

（5）教师点评。

1）找出各组的优点并点评。

2）展示过程中各组的缺点，提出改进方法。

学习活动四　施工前准备

【学习目标】

（1）能识别断路器、熔断器、防雷、接地保护等电工材料。

（2）能正确使用电工常用工具。

【学习地点】

供配电实训室

【学习课时】

10 课时

【学习过程】

观察从仓库领取的断路器、熔断器、防雷、接地保护等电工材料，学习其规格、型号、功能及使用规定。

1. 认识低压开关柜

（1）主要开关柜类型。国内主要的低压开关柜有 GGD、GCK、GCS、MNS、XLL2 低压配电箱和 XGM 低压照明箱。

（2）主要区别。

GGD 是固定柜，GCK、GCS、MNS 是抽屉柜。GCK 柜和 GCS、MNS 柜构不同：GCS 和 MNS 柜最主要的区别是 GCS 柜只能做单面操作柜，柜深 800mm；MNS 柜可以做双面操作柜，柜深 1000mm。

总体而言，抽出式柜较省地方，维护方便，出线回路多，但造价贵；固定式的相对出线回路少，占地较大。如果客户提供的地方小，做不了固定式的要改为做抽出式。

（3）低压开关柜分类介绍。

1）GGD 型交流低压开关柜具有机构合理、安装维护方便、防护性能好、分断能力高、容量大、分段能力强、稳定性强、电器方案适用性广等优点，可作为换代产品使用（见图 3－4）。

GGD 型交流低压开关柜适用于发电厂、变电站、厂矿企业等电力用户作为交流 50Hz，额定工作电压 400V，额定工作电流 3150A 以下的配电系统，作为动力、照明及配电设备的电能转换、分配与控制之用。

GGD 开关柜缺点是回路少，单元之间不能任意组合且占地面积大，不能与计算机联络。

结构特点：

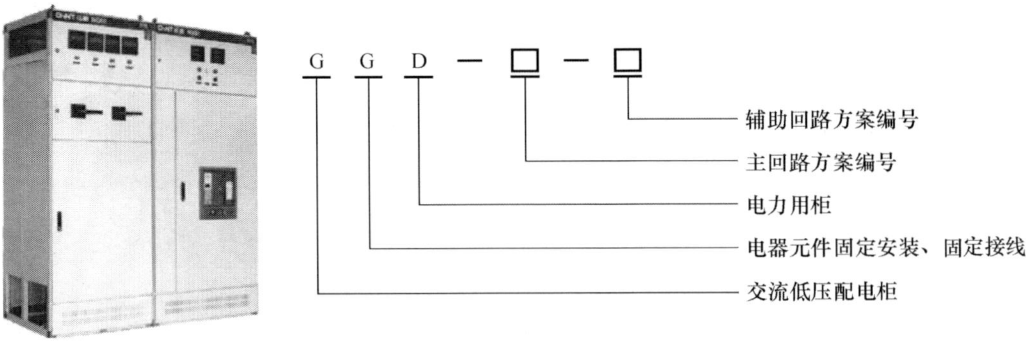

图 3-4　GGD 型低压开关柜

①柜体采用通用柜的形式，构架用 8MF 冷弯型钢局部焊接组装而成。零部件按模块原理设计，并有模数 E=20mm 的安装孔，通用性高。

②设计时充分考虑散热问题，柜体上下端均有不同数量的散热槽孔。

③柜门与构架采用铰链连接，安装、拆卸方便。

④柜内的安装件与构架采用滚花螺钉连接，构成完整的接地保护。

⑤防护等级：IP20～IP40。

2）GCK 开关柜具有分断能力高、动热稳定性好、结构先进合理、电气方案灵活、系列性、通用性强、各种方案单元任意组合、容纳的回路数较多、节省占地面积、防护等级高、安全可靠、维修方便等优点（见图 3-5）。

GCK 开关柜的缺点是水平母线设在柜顶，垂直母线没有阻燃型塑料功能板，不能与计算机联络。

GCK 系列电动机控制中心，主要由一些组合式电动机控制单元及其他功能单元组合而成。本系列产品适合于交流 400V、690V，频率为 50Hz，最大工作电流 3150A 以下的配电系统中，作为动力配电、电动机控制及照明灯配电设备的电能转换、分配和控制之用。

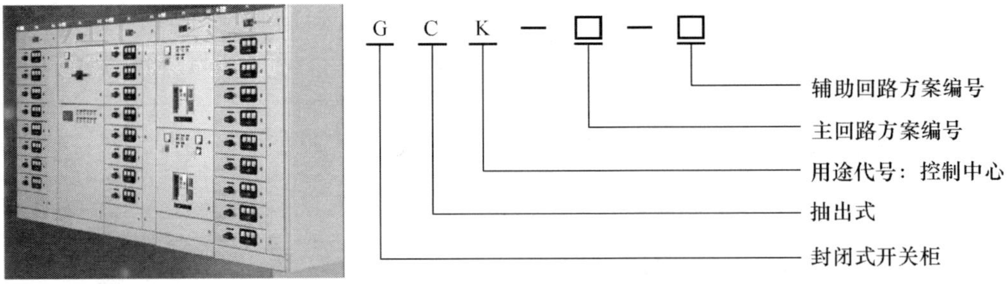

图 3-5　GCK 型低压开关柜

3）GCS 低压抽出式开关柜，具有较高技术性能指标、能够适应电力市场发展需要，并可与现有引进的产品竞争，是根据安全、经济、合理、可靠的原则设计的新型低压抽出式开关柜，还具有分断、接通能力高，动热稳定性好，电气方案灵活，组合方便，系列性实用性强，结构新颖，防护等级高等特点（见图 3－6）。

GCS 适合发电厂、石油、化工、冶金、高层建筑等行业的配电系统以及大型发电厂、石化系统等自动化程度高，要求有计算机接口的场所。作为三相交流，50（60）Hz，额定工作电压 400V、690V，额定工作电流 4000A 以下的发电、供电系统中的配电、电动机集中控制，无功功率补偿等用户使用。

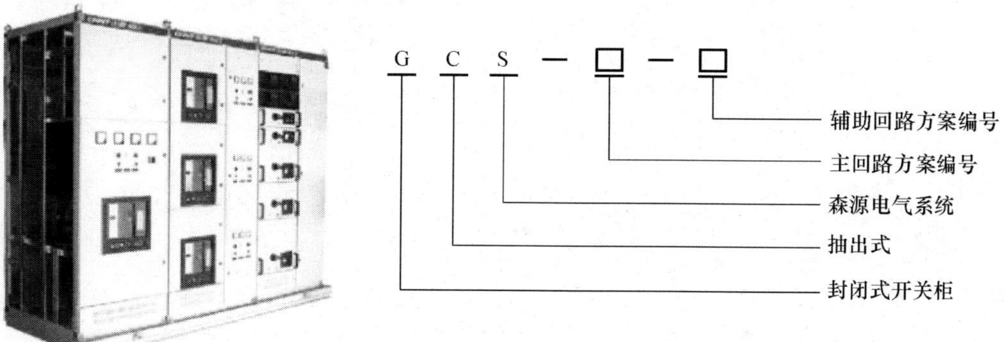

图 3－6　GCS 型低压开关柜

（4）引导问题。

1）GGD 开关柜的优点和缺点是什么？

____

____

2）GCK 开关柜的优点和缺点是什么？

____

____

3）GCS 开关柜的优点和缺点是什么？

____

____

4）请列出以上几种开关柜适合应用的地方。

____

____

2. 认识万能式断路器

（1）万能式断路器结构特征。

1）DW15－200、400、630 万能式断路器。该断路器为立体式布置形式，触头系统、快速电磁铁、左右侧面板均安装在一块绝缘板上。上部装有灭弧系统，操作机构可装在正前方或右侧面。有“分”“合”指示及手动断开按钮。其左上方装有分励脱扣器，背部装有与脱扣半轴相连的欠电压脱扣器。速饱和电流互感器或电流电压变换器套在母线上。欠电压延时装置、热继电器或半导体脱扣器均可分别装在下方。

2）DW15－1000、1600、2500、4000 万能式断路器。该断路器为立体式布置形式，触头系统、操作机构均安装在铁制框架上。上部有灭弧系统，右面装有操作机构。有

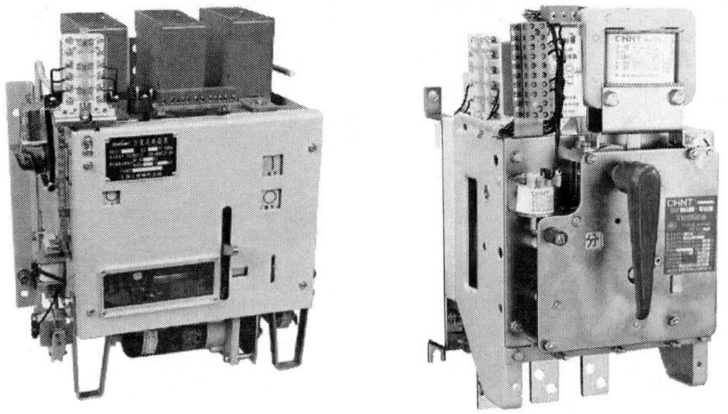

图 3-7　DW15 系列万能式断路器

“通”“断”指示及手动“合”“分”按钮。左侧面装有分励脱扣器、欠电压脱扣器。速饱和电流互感器或电流电压变换器套在下母线上。欠电压延时装置、热继电器或半导体脱扣器均可分别装在下方。DW15 系列万能式断路器见图 3-7。

3）DW15C 低压抽屉式断路器。该断路器由本体（经改装的 DW15）和抽屉座组成。断路器本体上装有隔离触刀、二次回路动触头、接地触头支承导轨等。抽屉座由左右侧板、铝支架、隔离触座、二次回路静触头、滑架等组成。正下方有操作手柄、螺杆等组成推拉操作机构（见图 3-8）。

4）万能式断路器的型号如图 3-9 所示。

（2）万能式断路器工作原理。

万能式断路器用来分配电能，保护线路免受过载、欠电压、短路、单相接地等故障的危害，具有智能化保护功能，选择性保护精确，能提高供电可靠性，避免不必要的停电，能广泛适用于电站、工厂、矿山和现代高层建筑，特别是智能楼宇中的配电系统。

智能型万能式断路器适用交流 50Hz，额定电压 380V、660V，额定电流为 200～6300A 的配电网络中，在正常的条件下，可作为线路的不频繁转换之用。1250A 以下的断路器在交流 50Hz 电压 380V 的网络中可用于保护电动机的过载和短路。在正常条件下还可作为电动机的不频繁起动之用。

（3）看完以上资料你对万能式断路器认识多少？请观察从仓库领取的材料并借助多媒体上网或查找相关书籍，回答以下问题。

1）通过阅读以上内容可知，万能式断路器有哪些系列？

2）请列出不同系列的万能式断路器的不同结构。

3）万能式断路器的作用是什么？

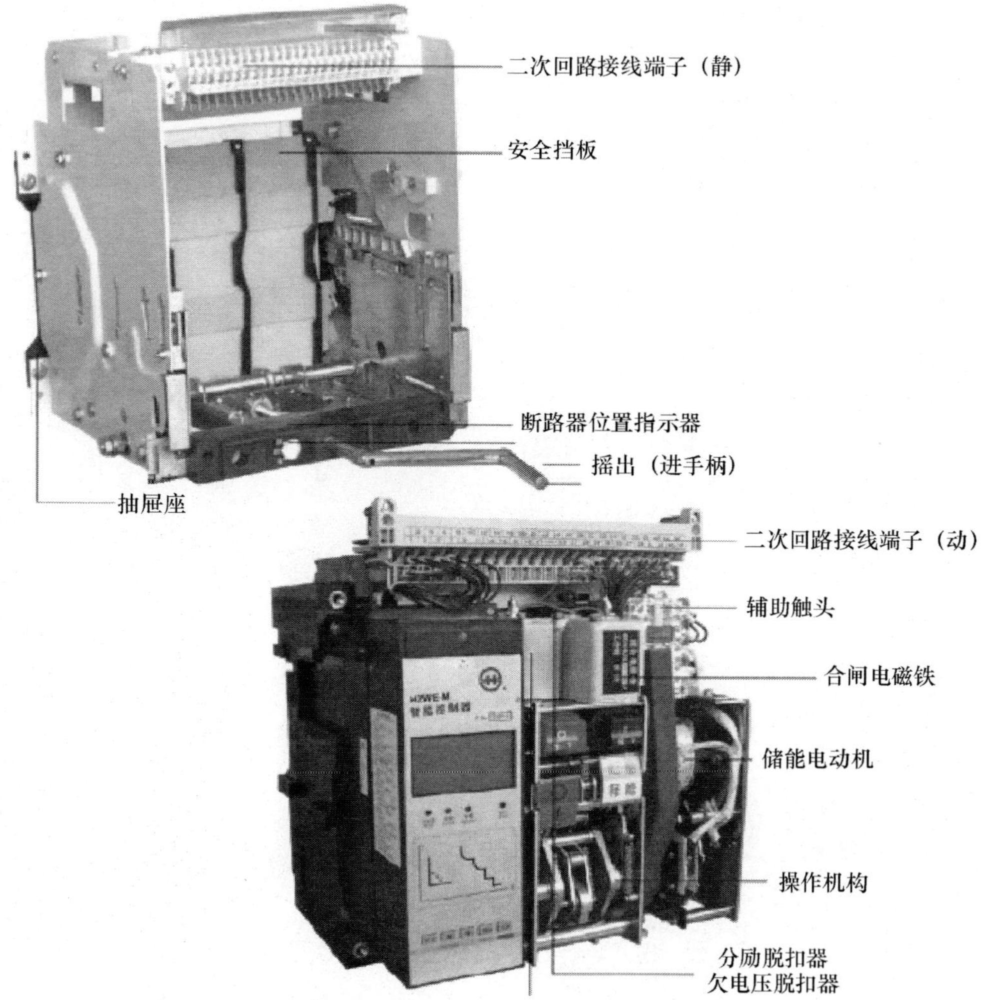

图 3－8　DW15C 抽屉式断路器

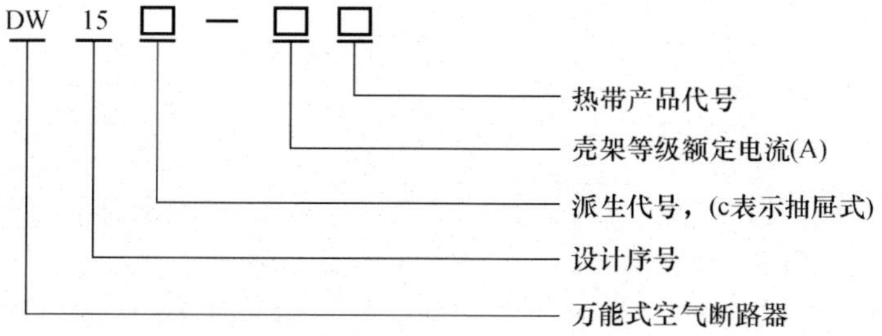

图 3－9　万能式断路器的型号

4）万能式断路器适用于什么地方？

5）万能式断路器起到什么保护作用？

____

____

6）请列出万能式断路器的特点和各项参数？

____

____

（4）万能式断路器的结构见图 3 - 10（以 FZW1 系列为例）。

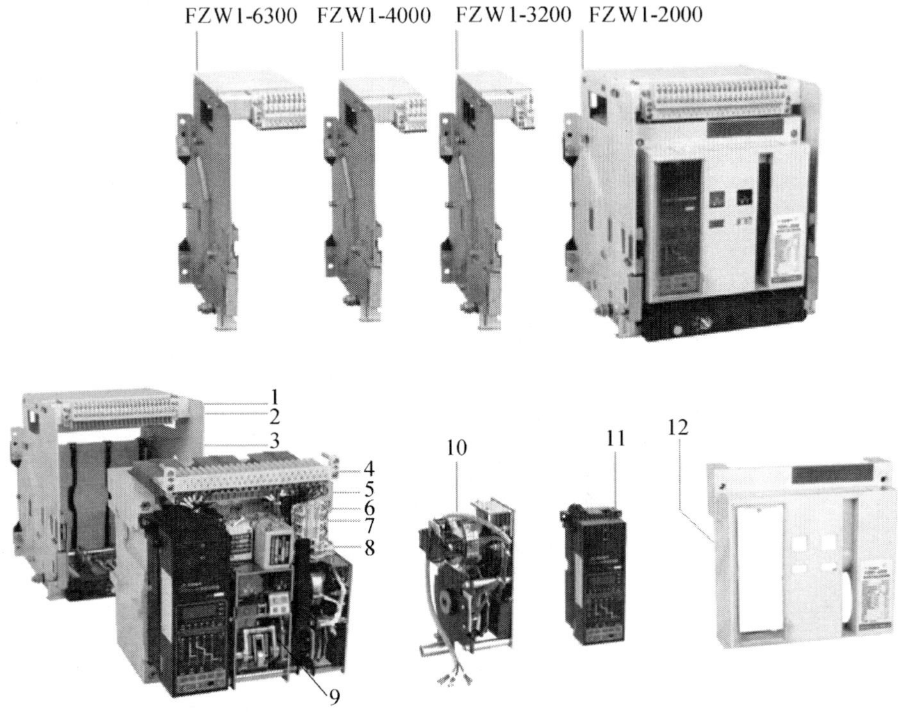

图 3 - 10　FZW1 系列智能型万能式断路器的结构

1—二次回路接线端子（静）；2—抽屉座；3—安全隔板；4—二次回路接线端子（动）；5—辅助触头；6—分励脱扣器；7—欠电压脱扣器；8—合闸电磁铁；9—操作机构；10—电动贮能机构；11—智能控制器；12—面板

该断路器电动操作机构通过方轴与操作机构连成一体装于断路器下部，作为断路器的贮能或直接闭合动作之用，贮能后的闭合动作由释能电磁铁承担。在左侧板上方装有防回跳机构，以防止断路器在断开时弹跳。各种过电流脱扣器按不同要求装在断路器下方，欠电压、分励脱扣器及电动操作控制部分装在左侧，其中欠电压、分励脱扣器通过脱扣器与放大机构相连，以减少断路器的脱扣力。12 对辅助触头供用户连接二次回路用，面板上有显示断路器工作位置的指示牌“1”“0”和“贮能”指示，还有供合闸及分闸用的按钮“1”“0”（均按下）。

3. 认识熔断器

（1）借助网络或相关书籍，回答下列问题。

1）图 3-11 中的元器件叫什么？________________

2）熔断器的用途是什么？________________

3）熔断器的英语名称简称是什么？________________

4）熔断器的文字符号是什么？________________

5）熔断器如何分类？________________

图 3-11 常见熔断器

（2）阅读下列资料后回答问题。

熔断器是根据电流超过规定值一段时间后，以其自身产生的热量使熔体熔化，从而使电路断开，运用这种原理制成的一种电流保护器。熔断器广泛应用于高低压配电系统和控制系统以及用电设备中，作为短路和过电流的保护器，是应用最普遍的保护器件之一。熔断器主要由熔体和熔管以及外加填料等部分组成。使用时，将熔断器串联于被保护电路中，当被保护电路的电流超过规定值，并经过一定时间后，由熔体自身产生的热量熔断熔体，使电路断开，从而起到保护电路的作用。

1）熔断器的作用是什么？

____

____

2）熔断器是怎样断开电路的？

____

____

3）熔断器有哪几种保护？

____

____

4）熔断器在电路中串联还是并联？

____

____

5）熔断器应用在哪些地方？

4. 认识母线排

（1）认真观察图 3-12 并查阅资料后回答以下问题。

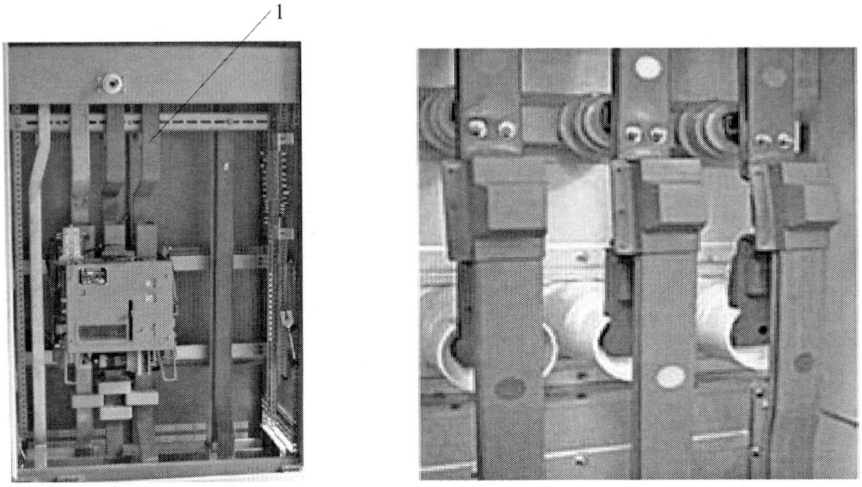

图 3-12　母线排

1）图 3-12 中的“1”是什么？

2）它们是什么材料做的？

3）三个颜色代表什么意思？

黄色：

绿色：

红色：

（2）铜母线选择。

1）一次配线应尽量选用矩形铜母线。当用矩形母线难以加工或电流小于、等于 100A 时，可选用色缘导线。机房类配电柜一般选用铜母线加工。

2）一次母线选用：图纸有要求的，应按图纸要求选用（主进线柜和联络柜母线按汇流选取）；图纸无具体要求时，应按本工艺守则的规定选用。

3）分支母线一般应以自动空气开关的热脱扣器的额定工作电流为选择依据，其他按表 3-8 选取。

表 3-8　　选用母线的条件

形　　式	选用母线条件
自动空气开关不带热脱扣器	按空气开关额定电流值

续表

形　　式	选用母线条件
自动空气开关以下有数个分支回路并也装有自动空气开关	按分支回路电流值
刀开关、熔断器、电流互感器组成的回路	按电流互感器一次侧额定电流值
只有接触器	按接触器额定电流值
只有熔断器	按熔断的熔芯电流值

（3）母线载流量。

柜内母线按照技术母线材料表规定的截面选用，材料没有规定的部分按照表3－9选用。

表3－9　　母线的载流量

额定电流/A	铜母线/mm	
	硬母线	软母线
160		2×20×1
175～225	20×5	
225～250	25×5	4×20×1
250～275	30×5	
275～350	40×5	
350～400	30×10	5×32×1
400～500	30×10	
500～630	40×10	8×40×1

装置中母线和导线的颜色和相序规定见表3－10（以柜体正面观察）。

表3－10　　母线的颜色和相序

类别		标志	垂直排列	水平排列	前后排列
交流	A相　L1	黄	上	左	远
	B相　L2	绿	中	中	中
	C相　L3	红	下	右	近
	中性线　N	淡蓝	最下	最右	最近
	中性保护线PEN	黄绿相间	最下	最右	最近
保护线　PE		黄绿相间	——	——	——
直流	正极　L＋	棕	上	左	远
	负极　L－	蓝	下	右	近
	接地中线　M	淡蓝	——	——	——

(4) 母线安装。

1) 母线连接方式按工艺文件中搭接表规定执行。

2) 开关柜中，母线一般采用贯穿螺栓搭接，母线连接应严密，接触良好，其连接面要求自然吻合，铜母线选择与加工配置应整齐美观。

3) 母线连接用的紧固件应采用符合国家标准的镀锌螺栓、螺母、弹簧垫和垫圈。8PT 产品连接满足相关工艺要求。

4) 凡搭接螺栓均采用普通平光垫（凹面面向母线）紧固螺纹应露出 3～5 扣。相邻螺栓垫圈间应有 3mm 以上的净距离。

5) 母线平置时，为了便于观察螺栓的紧固情况和维修，螺栓安装应按如下规定：面向电器维护及操作面，贯穿螺栓应由后往前，由下向上穿，其余情况，螺母置于维护侧。

6) 母线安装完毕后，在两支撑点有下垂和浮起现象，其偏差不得大于 4mm。

7) 母线之间的连接应保证有足够的、持久的接触应力，但不应使母线产生永久性变形。

5. 认识保护接地与防雷接地

(1) 配电箱（柜）及电表箱内均应按国家规范要求设置 N 线和 PE 线的汇流排，N 线与 PE 线应在汇流排上连接，不得将 N 线和 PE 线多根绞接压在铜连头内。

(2) 埋地敷设的 PE 线（镀锌扁铁）引入箱、柜内必须明露，并用导线与 PE 线汇流排可靠连接。

(3) 屋面避雷带的支持件间距应均匀，埋设应牢固，埋深不小于 100mm，间距不大于 1m，转角处不大于 300mm，高度一般为 150mm，跨越变形缝时应做补偿处理。

(4) 高于避雷带的所有金属物体必须与避雷带可靠连接。

(5) 防雷接地、保护接地的镀锌扁铁厚度不得小于 4mm，用于埋地敷设的不小于 40mm×4mm，搭接长度不得小于扁铁宽度的 2 倍，对埋设或架空露天的部位四个棱边必须全部焊接，严禁直接对焊连接。

(6) 利用主筋作防雷引下线时，主筋在Φ16 及以上时应有 2 根，Φ16 以下时应有 4 根钢筋连接，从下到上均应焊接，焊接长度均不小于 6d，应双面施焊，每层应做隐蔽验收记录。

(7) 利用基础钢筋作接地体的必须有可测量接地电阻的测试点，测试点的数量、位置等应符合设计规定，设计无规定时，每单位工程测试点不应少于 2 处，高度距室外地坪 500mm，在小区群体中应一致。

(8) 严格按设计要求制作等电位，等电位体应与防雷接地体可靠连接。

(9) 在避雷引下线与屋面接闪器（避雷带）连接前，应测试接地电阻，测试数据应符合设计要求或规范规定。

6. 认识电工工具

(1) 螺钉旋具是用来紧固或拆卸螺钉的。螺钉旋具的式样和规格很多，按头部形状不同可分为一字形和十字形两种，如图 3-13 所示。一字形螺钉旋具常用的规格有 50mm、100mm、150mm 和 200mm 等，电工必备的是 50mm 和 150mm 两种。十字形螺钉旋具专供紧固或拆卸十字槽的螺钉，常用的规格有 Ⅰ～Ⅳ 号 4 种，分别适用于直径为 2～

2.5mm、3～5mm、6～8mm 和 10～12mm 的螺钉。

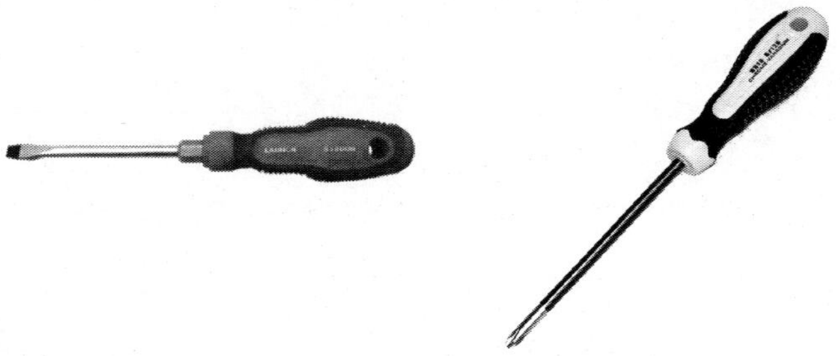

(a) (b)

图 3－13 常见螺钉旋具

(a) 一字形；(b) 十字形

按握柄材料不同，螺钉旋具又可分为木柄和塑料柄两种。

(2) 根据以上内容回答下面的问题：

1) 观察你所领取的螺钉旋具，描述它的规格。

______

______

2) 螺钉旋具的正确使用方法是什么？

______

______

(3) 使用螺钉旋具时，要注意以下 3 点注意事项。

1) 带电作业时，手不可触及螺钉旋具的金属杆，以免发生触电事故。

2) 作为电工，不应使用金属杆直通握柄顶部的螺钉旋具。

3) 为防止金属杆触到人体或邻近带电体，金属杆应套上绝缘管。

(4) 电工钢丝钳的构造和用途。钢丝钳在电工作业时用途广泛。钢丝钳由钳头和钳柄两部分组成，钳头由钳口、齿口、刀口和铡口 4 部分组成。钳口用来弯绞和钳夹导线线头；齿口用来紧固或起松螺母；刀口用来剪切导线或剖削软导线绝缘层；铡口用来铡切电线线心、钢丝或铅丝等较硬金属。其构造及用途如图 3－14 所示。

(5) 使用钢丝钳时要注意以下的注意事项。

1) 使用前，检查钢丝钳绝缘是否良好，以免带电作业时造成触电事故。

2) 在带电剪切导线时，不得用刀口同时剪切不同电位的两根线（如相线与零线、相线与相线等），以免发生短路事故。

7. 展示与评价

(1) 展示各组同学完成任务的过程和成果。必要时各组可以配备讲解人员，负责讲解过程中的详细操作和使用注意事项。在展示的过程中，以组为单位进行评价，其他组对展示小组的成果进行相应的评价，评价内容为表 3－11 的“小组评价”内容。课余时间本人完成“自我评价”，教师完成“教师评价”内容。

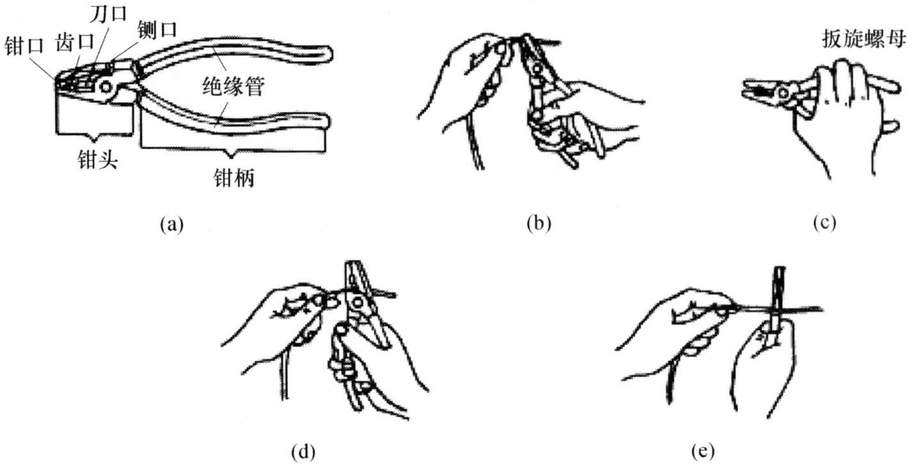

图 3－14　钢丝钳的构造及应用

（a）构造；（b）弯绞导线；（c）紧固螺母；（d）剪切导线；（e）铡切钢丝

表 3－11　　评价表

任务评价表							
班级：________		小组：________	姓名：________		指导教师：________ 日期：________		
评价项目	评价标准	评价依据	评价方式			权重	得分小计
			学生自评 20％	小组互评 30％	教师评价 50％		
职业素养	（1）遵守企业规章制度、劳动纪律 （2）按时按质完成工作任务 （3）积极主动承担工作任务，勤学好问 （4）人身安全与设备安全 （5）工作岗位 6S 完成情况	（1）出勤 （2）工作态度 （3）劳动纪律 （4）团队协作精神				0.3	
专业能力	（1）了解电能表的工作原理，掌握系统接线原理及作用 （2）掌握电能表的各项参数 （3）掌握电能表的线路连接 （4）根据控制要求完成安装与调试	（1）操作的准确性和规范性 （2）工作页或项目技术总结完成情况 （3）专业技能任务完成情况				0.5	
创新能力	（1）在任务完成过程中能提出自己的有一定见解的方案 （2）在教学或生产管理上提出建议，具有创新性	（1）方案的可行性及意义 （2）建议的可行性				0.2	
合计							

（2）教师点评。

1）找出各组的优点并点评。

2）展示过程中各组的缺点，提出改进方法。

学习活动五　现场施工

【学习目标】

（1）能按照作业规程应用必要的标识和隔离措施，准备现场工作环境。

（2）能按图纸、工艺要求、安装规程要求，进行护套线布线施工。

（3）施工后，能按施工任务书的要求直观检查。

【学习地点】

供配电实训室

【学习课时】

4 课时

【学习过程】

（1）引导问题。

1）通过多媒体设备上网或查阅相关“电业安全操作规程、电工手册、电气安装施工规范”等资料。施工前要进行哪些必要的安全隔离措施？顺序是怎样？

____

____

2）施工前必要的安全标识挂于何处，其内容是什么？

____

____

3）电缆线绝缘层的剖削方法和步骤是什么？

____

____

4）万能式断路器的端子如何识别？

____

____

5）电缆线的安装工艺要求有哪些？

____

____

6）万能式断路器的安装要求有哪些规定？

____

____

7）熔断器和电流表的安装工艺要求有哪些？

____

____

8）铜线排的安装接线要求有哪些？

____

____

（2）安装事项。

1）万能式断路器的安装。

①断路器安装起吊时、应把吊索正确钩挂在断路器两侧提手上，起吊时应尽可能使其保持垂直，避免磕碰，以免造成内在的不易觉察的损伤而留下隐患。

②检查断路器的规格是否符合要求。

③用500V兆欧表检查断路器各相之间及各相对地之间的绝缘电阻，在周围介质温度为（20±5）℃和相对湿度为50％～70％时绝缘电阻值应大于20MΩ，否则应进行干燥处理。

④检查断路器各部分动作的可靠性，电流、电压脱扣器特性是否符合要求，闭合、断开是否可靠。断路器在闭合和断开过程中其可动部分与灭弧罩等零件应无卡、碰等现象。

注意：进行闭合操作时欠电压线圈应通以额定电压或用螺钉紧固，以免造成误判。

⑤安装时应严格遵守断路器的飞弧距离及安全间距（>100mm）。

⑥断路器必须垂直安装于平整坚固的底架或固定架上并用螺栓紧固，以免由于安装平面不平使断路器或抽屉式支架受到附加力而引起变形。

⑦抽屉式断路器安装时还必须检查主回路触刀与触刀座的配合情况和二次回路对应触头的配合情况是否良好，如发现由于运输等原因而产生偏移，应及时予以修正。

⑧在进行电气连接前应先切断，确保电路中没有电压存在。连接母排或连接电缆应与断路器自然连接，若连接母排的形位尺寸不当应事先整形，不能用外力使其与断路器主回路进出线勉强相接而使断路器发生变形，影响其动作的可靠性。

⑨用户应考虑到预期短路电流对母排之间可能产生强大的电动力而影响到断路器的进出线端，故必须用强度足够的绝缘板条在进断路器处对母排予以紧固。

⑩用户应对断路器进行可靠的保护接地，固定式断路器的接地处标有明显的接地标记，抽屉式断路器的接地借助于抽屉支架来实现。

⑪按线路图连接好控制装置和信号装置，在闭合操作前必须安装好灭弧罩，插好隔弧板并清除安装过程中产生的尘埃及可能遗留下来的杂物（如金属屑、导线等）。

2）万能式断路器的使用与维护。

①断路器使用时应将磁铁工作极面上的防锈油揩净并保持清洁。

②各转动轴孔及磨擦部分必须定期添加润滑油。

③断路器在使用过程中要定期检查，以保证使用的安全性和可靠性。

a. 定期清刷灰尘，以保持断路器的绝缘水平。

b. 按期对触头系统进行检查（**注意：**检查时应使断路器处于隔离位置）。

• 检查弧触头的烧损程度，如果动、静弧触头刚接触时主触头的小开距小于2mm，必须重新调整或更换弧触头。

• 检查主触头的电磨损程度，若发现主触头上有小的金属颗粒形成则应及时铲除并修复平整；如发现主触头超程小于 4mm，必须重新调整；如主触头上的银合金厚度小于 1mm 时，必须更换触头。

• 检查软连接断裂情况，去掉折断的带层。若长期使用后软连接折断情况严重（接近二分之一）则应及时更换。

④当断路器分断短路电流后，除必须检查触头系统外还必须清除灭弧罩两壁烟痕及检查灭弧栅片烧损情况，如严重应更换灭弧罩。

3）安全标识牌实物（见图 3－15）。

图 3－15　安全标识牌

（3）制订工作计划并实施。

1）计划的制订需要考虑如下问题。①确定完成任务的工作过程中使用到的电工工具的使用方法和安全注意事项、规程、工艺要求。②制订施工具体步骤。

2）确定工作流程。拿你的计划和小组其他成员的计划比较，相互借鉴、组合、优化，通过讨论定出一个可行的完整计划，并按计划步骤填写下面的工作流程图（见图 3－16，方框不够可以另加、有多可以留空白）。

3）现场施工。①在学生施工前，教师要做规范性示范操作。②在学生进行施工时，教师要进行巡回指导，发现问题及时解决。

（4）展示与评价。

1）在施工过程中，所用到的工具你能否正确使用？能否熟练操作？

____

____

2）施工是否顺利？能按时完成施工吗？

____

____

3）小组分工是否合理？是否出现纠纷？配合是否良好？

____

____

4）总结这次任务是否达到学习目标。

____

____

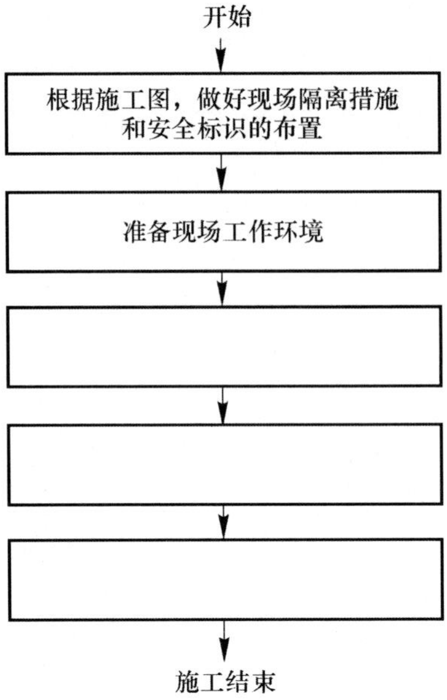

图 3－16　工作流程图

5）有哪些地方需要在今后的学习任务中改良？

____

____

6）各个小组展示施工后的成果，以组为单位进行评价，其他组对展示小组的过程及结果进行相应的评价，评价内容为表 3－12 的“小组评价”内容。课余时间本人完成“自我评价”，教师完成“教师评价”内容。

表 3－12　　评价表

任务评价表							
班级：________		小组：________	姓名：________		指导教师：________ 日期：________		
评价项目	评价标准	评价依据	评价方式			权重	得分小计
			学生自评 20%	小组互评 30%	教师评价 50%		
职业素养	（1）遵守企业规章制度、劳动纪律 （2）按时按质完成工作任务 （3）积极主动承担工作任务，勤学好问 （4）人身安全与设备安全 （5）工作岗位 6S 完成情况	（1）出勤 （2）工作态度 （3）劳动纪律 （4）团队协作精神				0.3	

续表

任务评价表							
班级：________		小组：________	姓名：________		指导教师：________ 日期：________		
评价项目	评价标准	评价依据	评价方式			权重	得分小计
			学生自评 20%	小组互评 30%	教师评价 50%		
专业能力	（1）了解各元器件的工作原理，掌握系统接线原理及作用 （2）掌握各元器件的各项参数 （3）掌握各元器件的线路连接 （4）根据控制要求完成安装与调试	（1）操作的准确性和规范性 （2）工作页或项目技术总结完成情况 （3）专业技能任务完成情况				0.5	
创新能力	（1）在任务完成过程中能提出自己的有一定见解的方案 （2）在教学或生产管理上提出建议，具有创新性	（1）方案的可行性及意义 （2）建议的可行性				0.2	
合计							

7）教师点评。

①找出各组的优点并点评。

②展示过程中各组的缺点，提出改进方法。

学习活动六　施工项目验收

【学习目标】

（1）施工后，能按施工任务书的要求直观检查。

（2）按电工作业规程，作业完毕后能清点工具、人员，收集剩余材料，清理工程垃圾，拆除防护措施。

（3）能正确填写任务单的验收项目，并交付验收。

【学习地点】

施工现场

【学习课时】

4 课时

【学习过程】

（1）引导问题。

1）作业完毕后清点所用的工具有哪些？整理好工具。

2）拆除防护措施的顺序是什么？

3）作业完毕后收集剩余材料。清理工程垃圾的具体工作有哪些？

（2）低压开关柜安装工艺标准。

配电柜平稳地安装到基础槽钢上，柜间用螺栓拧紧，找平、找正后与基础槽钢焊接在一起，盘柜要用6mm的软铜线与接地干线相连，作为保护接地。固定底座用的底板由土建施工进行预埋。安装人员应配合或检查验收其准确性。

1）柜安装在震动场所，应采取防震措施（如开防震沟、加弹性垫等）。

2）柜本体及柜内设备与各构件间连接应牢固。主控制柜、继电保护柜、自动装置柜等不宜与基础型钢焊死。

3）单独或成列安装时，其垂直度、水平度以及柜面不平度和柜间接缝的允许偏差按施工要求安装。

4）端子箱安装应牢固，封闭良好，安装位置应便于检查；成列安装时，应排列整齐。

5）柜的接地应牢固良好。装有电器的可开启的柜门，应以软导线与接地的金属构架可靠地连接。

6）柜内配线整齐、清晰、美观、导线绝缘良好，无损伤，柜的导线不应有接头；每个端子板的每侧接线一般为一根，不得超过两根。

7）柜内配线应采用截面不小于1.5mm、电压不低于400V的铜芯线。

8）柜内敷设的导线符合安装规范的要求，即同方向导线汇成一束捆扎，沿柜框布置导线；导线敷设应横平、竖直，转弯处应成圆弧过渡的直角。

9）橡胶绝缘芯线引进出柜内、外应外套绝缘管保护。

10）配电柜安装好后，柜面油漆应完好。若有损坏，应重新喷漆。

（3）工程验收时，应对下列项目进行检查。

1）安装后的检查。

①检查各电气设备、电器元件及配电柜的安装质量是否符合安装要求及安装规范。

②按U（L1）黄、V（L2）绿、W（L3）红的电源相序检查接线。

③检查各接线端子接线是否符合安装规范，螺钉是否拧紧。

④按接线图仔细检查有无错接、漏接。

⑤线路安装的质量检查。

2）调试、验收准备的资料和文件。

①电压表、电流表的校验，操动及联动试验。

②验收准备的资料和文件。

a. 变更设计部分的实际施工图；

b. 变更设计证明文件；

c. 制造厂提供的产品说明书、试验记录、合格证及安装图纸等技术文件；

d. 电气安装施工记录；

e. 调整试验记录。

3）检测标准。

①配电柜的固定及接地应可靠，柜面应漆层完好、清洁整齐。

②配电柜内所装电器元件应完好，安装位置应正确、固定牢固。

③所有接线应正确，连接可靠，标志齐全、清晰。

④安装质量符合验收标准。

⑤操动及联动试验符合设计要求。

（4）工程交接验收时，宜向用户提交下列资料。

1）配线竣工图，图中应标明低压元器件规格型号、导线截面积和规格型号。

2）开关、电器设备的安装使用说明书、合格证、保修卡等。

（5）对照表 3－13 完成评价。“自检”和“互检”完成后，学生可能会根据自己或同学发现的问题，进行及时修正。

表 3－13　　评价表

任务评价表							
班级：______		小组：______	姓名：______		指导教师：______ 日期：______		
评价项目	评价标准	评价依据	评价方式			权重	得分小计
			学生自评 20%	小组互评 30%	教师评价 50%		
职业素养	（1）遵守企业规章制度、劳动纪律 （2）按时按质完成工作任务 （3）积极主动承担工作任务，勤学好问 （4）人身安全与设备安全 （5）工作岗位 6S 完成情况	（1）出勤 （2）工作态度 （3）劳动纪律 （4）团队协作精神				0.3	
专业能力	（1）了解各元器件的工作原理，掌握系统接线原理及作用 （2）掌握各元器件的各项参数 （3）掌握各元器件的线路连接 （4）根据控制要求完成安装与调试	（1）操作的准确性和规范性 （2）工作页或项目技术总结完成情况 （3）专业技能任务完成情况				0.5	
创新能力	（1）在任务完成过程中能提出自己的有一定见解的方案 （2）在教学或生产管理上提出建议，具有创新性	（1）方案的可行性及意义 （2）建议的可行性				0.2	
合计							

(6) 教师点评。

1) 找出各组的优点并点评。

2) 展示过程中各组的缺点，提出改进方法

学习活动七　工作总结与评价

【学习目标】

(1) 真实评价学生的学习情况。

(2) 培养学生的语言表达能力。

(3) 展示学生学习成果，树立学生学习信心。

【学习地点】

教室

【学习课时】

4 课时

【学习过程】

(1) 同学们以小组形式，通过演示文稿、展板、海报、录像等形式，向全班展示、汇报学习成果。展示内容可以有以下方面。

1) 通过低压开关柜安装过程学到了什么（专业技能和技能之外的东西）?

2) 展示你最终完成的成果并说明它的优点。

3) 安装质量存在问题吗？若有问题？是什么问题？什么原因导致的？下次该如何避免？

4) 讨论你组的成果以什么形式展示？

(2) 各个小组可以通过各种形式，对整个任务完成情况的工作总结进行展示，以组为单位进行评价，其他组对展示小组的过程及结果进行相应的评价，评价内容为表 3－14 的“小组评价”内容。课余时间本人完成“自我评价”，教师完成“教师评价”内容。

表 3－14　　**评价表**

序号	项目	自我评价			小组评价			教师评价		
		10～8	7～6	5～1	10～8	7～6	5～1	10～8	7～6	5～1
1	学习兴趣									
2	任务明确程度									
3	现场勘察效果									
4	学习主动性									
5	承担工作表现									

续表

序号	项目	自我评价			小组评价			教师评价		
		10～8	7～6	5～1	10～8	7～6	5～1	10～8	7～6	5～1
6	协作精神									
7	时间观念									
8	质量成本意识									
9	安装工艺规范程度									
10	创新能力									
总评										

(3) 教师点评。

1) 找出各组的优点并点评。

2) 展示整个任务完成过程中各组的缺点，提出改进方法。

学习任务四

低压无功补偿柜安装与维护

【学习目标】

（1）能阅读“工厂低压无功补偿柜安装与维护”工作任务单，明确工时、工艺要求，明确个人任务要求。

（2）能识别低压断路器、交流接触器、热继电器等低压元器件，识读电路原理图。

（3）根据施工图纸，制定工作计划。

（4）正确使用电工常用工具，并根据任务要求和施工图纸，列出所需工具和材料清单，准备工具，领取材料。

（5）能按照作业规程应用必要的标识和隔离措施，准备现场工作环境。

（6）能按图纸、工艺要求、安装规程要求，进行护套线布线施工。

（7）施工后，能按施工任务的要求直观检查。

（8）按电工作业规程，作业完毕后能清点工具、人员，收集材料，清理工程垃圾，拆除防护措施。

（9）能正确填写任务单的验收项目，并交付验收。

（10）工作总结与评价。

【建议课时】

40 课时

【工作流程与活动】

学习活动一　明确工作任务
学习活动二　识读电路图
学习活动三　制订工作计划
学习活动四　施工前准备
学习活动五　现场施工
学习活动六　施工项目验收
学习活动七　工作总结与评价

【工作情境描述】

某工厂提出给工厂配电房的低压补偿柜进行更换，用户要求两天完成该项工作，安装公司同意接受该项工作任务，开出任务单并委派维修电工人员前往工厂作业，并按客户要求两天完成任务，把客户验收单交付公司。

学习活动一　明确工作任务

【学习目标】

（1）能阅读“低压补偿柜安装”工作任务单。

（2）能明确工时、工艺要求。

（3）能明确个人任务要求。

【学习地点】

供配电实训室

【学习课时】

4 课时

【学习过程】

（1）阅读安装工作联系单（见表 4－1），回答问题。

表 4－1　　安装工作联系单

类别：水□ 电□ 暖□ 土建□ 其他□		日期：　　年　月　日	
安装地点	XXX 工厂供配电房		
安装项目	低压补偿柜安装		
需求原因			
申报时间	年　月　日	完工时间	年　月　日
申报单位	工厂供配电房	安装单位	电工班
验收意见		安装单位电话	89892222
验收人		承办人	
申报人电话	89897777	承办人电话	
物业负责人	李四	物业负责人电话	89896666

（2）引导问题。

1）该项工作在什么地点进行？

____

____

2）该项工作要求什么时间开始做？

____

____

3）该项工作要求什么时间完成？

____

____

4）该项工作要求多长时间完成？

5）该项工作是哪个单位申报的？

6）该项工作具体内容是什么？

7）该项任务交给你和同组人，你们的名字签在何处？

8）该项工作完成后交给谁验收？

9）验收意见应该是什么内容？

10）你认为使用安装工作联系单有什么作用？

11）该项工作怎样才算完成了？

（3）根据对“安装工作联系单”的理解，完成表 4－2 中“自我评价”内容。

表 4－2　　评价表

序号	项目	自我评价		
		10～8	7～6	5～1
1	学习兴趣			
2	正确理解工作任务			
3	遵守纪律			
4	学习主动性			
5	学习准备充分、齐全			
6	协作精神			
7	时间观念			
8	仪容仪表符合活动要求			
9	语言表达规范			
10	工作效率与工作质量			
总评				
		体会：		

（4）教师点评。

1）找出各组的优点并点评。

2）展示过程中各组的缺点，提出改进方法。

学习活动二　识读电路图

【学习目标】

能识读电路图。

【学习地点】

供配电实训室

【学习课时】

12 课时

【学习过程】

（1）根据图 4－1 回答以下问题。

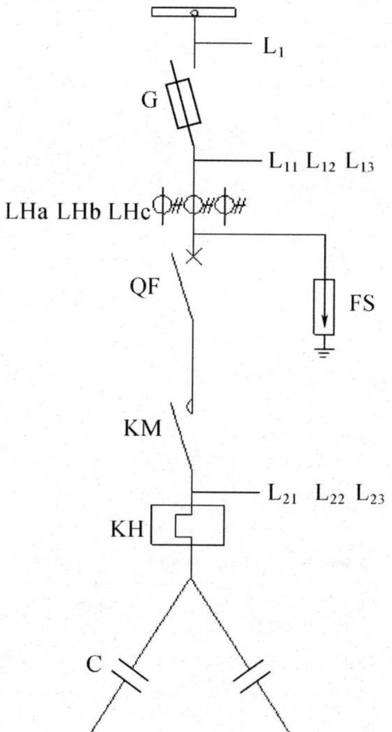

图 4－1　低压补偿柜一次回路

1）表示什么？＿＿＿＿＿＿＿＿＿＿＿＿＿＿＿＿＿＿＿＿＿＿＿＿

2）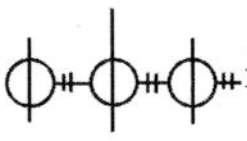表示什么？＿＿＿＿＿＿＿＿＿＿

3）表示什么？＿＿＿＿＿＿＿＿＿＿

4）表示什么？＿＿＿＿＿＿＿＿＿＿

5）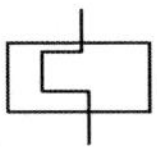表示什么？＿＿＿＿＿＿＿＿＿＿

6）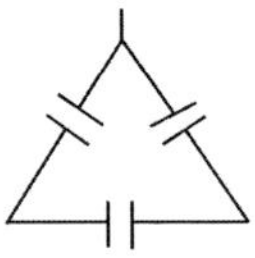表示什么？＿＿＿＿＿＿＿＿＿＿

7）FS 表示什么？＿＿＿＿＿＿＿＿＿＿

（2）根据图 4－2 回答以下问题。

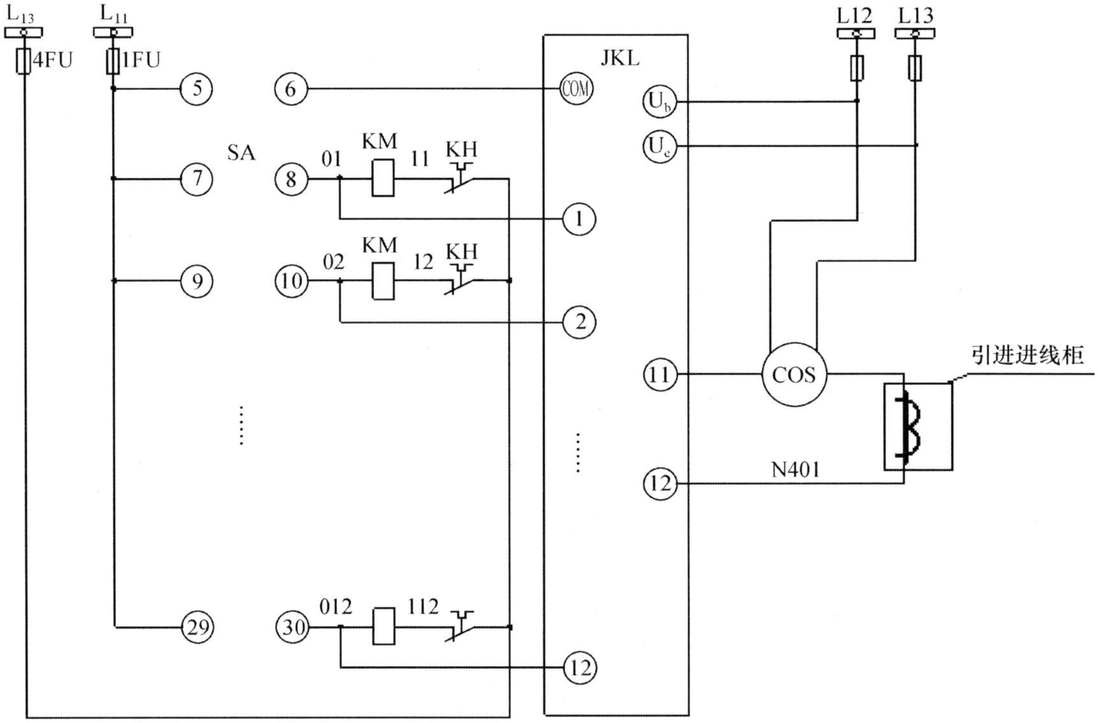

图 4－2　低压补偿柜二次回路

1）KM 表示什么？＿＿＿＿＿＿＿＿＿＿

2）KH 表示什么？＿＿＿＿＿＿＿＿＿＿

3）JKL 表示什么？＿＿＿＿＿＿＿＿＿＿

4）COS 表示什么？＿＿＿＿＿＿＿＿＿＿

（3）请查找电气符号图表，填写表 4－3。

表 4-3 电气符号

名称	文字符号	图形符号
断路器		
电流互感器		
熔断器		
电抗器		
交流接触器		
过热继电器		
电力电容器		
避雷器		
电流表		
电压表		
功率因数表		
无功补尝控制器		

(4) 引导问题。

1) 你能说出上面的电路原理图由哪几部分组成吗?

2) 避雷器在电路中起什么作用?

3) 电力电容器在电路中起什么作用?

4) 电容接触器在电路中起什么作用?

5) 无功补尝控制器在电路中起什么作用?

6) 电的基本物理量有哪些? 常用单位是什么?

7）各物量之间有怎样的关系？

8）电路的状态有哪三种？

（5）本人完成表 4－4 中的“自我评价”。

表 4－4　　　　评价表

序号	项目	自我评价			小组评价			教师评价		
		10～8	7～6	5～1	10～8	7～6	5～1	10～8	7～6	5～1
1	学习兴趣									
2	正确识读电路图									
3	遵守纪律									
4	学习主动性									
5	元件认识程度									
6	协作精神									
7	时间观念									
8	仪容仪表符合活动要求									
9	语言表达规范									
10	工作效率与工作质量									
总评										

（6）教师点评。

1）找出各组的优点并点评。

2）展示过程中各组的缺点，提出改进方法。

学习活动三　制订工作计划

【学习目标】

（1）能根据施工图纸，制订工作计划。

（2）能根据任务要求和施工图纸，列举所需工具和材料清单。

【学习地点】

供配电实训室

【学习课时】

2 课时

【学习过程】

（1）引导问题。

1）安装需要的工具有哪些？

____

____

2）安装需要的材料有哪些？

____

____

3）安装的主要内容是什么？个人要做的工作有哪些？

____

____

4）按图要求电气设备工作电压是多少，工作电流多大？

____

____

（2）工作计划表可以是表格的形式，也可以是流程图的形式或者文字的形式。描述你对现场勘查的信息记录，并制订相应的工作计划。经小组讨论后，确定工作计划。

（3）根据制订出的任务方案领取实施任务所需要的工具及材料。为完成工作任务，每个工作小组需要向工作站内仓库工作人员借用工具及领取材料，见表 4－5 和表 4－6。

表 4－5　工作组借用工具清单

序号	名称	数量	规格	单位	借出时间	借用人签名	归还时间	归还人签名	管理员签名	备注

表 4－6　工作组借用材料清单

序号	名称	规格型号	单位	申领数量	实发数量	归还时间	归还人签名	管理员签名	备注

（4）各个小组可以通过不同的形式展示本组学员完成的工作计划表和例举的工具清单，以组为单位进行评价，其他组对展示小组的过程及结果进行相应的评价。评价内容为表 4－7 的“小组评价”内容。本人完成“自我评价”，教师完成“教师评价”内容。

表 4－7　　　　　　　　　　　　　　　　**评价表**

序号	项目	自我评价			小组评价			教师评价		
		10～8	7～6	5～1	10～8	7～6	5～1	10～8	7～6	5～1
1	学习兴趣									
2	遵守纪律									
3	计划表达形式									
4	列出材料数量									
5	列出材料质量									
6	列出工具数量									
7	列出工具质量									
8	协作精神									
9	查阅资料的能力									
10	工作效率与工作质量									
总评										

（5）教师点评。

1）找出各组的优点并点评。

2）展示过程中各组的缺点，提出改进方法。

学习活动四　施工前准备

【学习目标】

（1）能识别低压隔离开关、低压熔断器、电抗器、电容器、电容交流接触器、无功补偿装置等电工材料。

（2）能正确使用电工常用工具。

【学习地点】

供配电实训室

【学习课时】

10 课时

【学习过程】

观察从仓库领取的低压隔离开关、低压熔断器、电抗器、电容器、电容交流接触器、无功补偿装置等电工材料，学习其规格、型号、功能及使用规定。

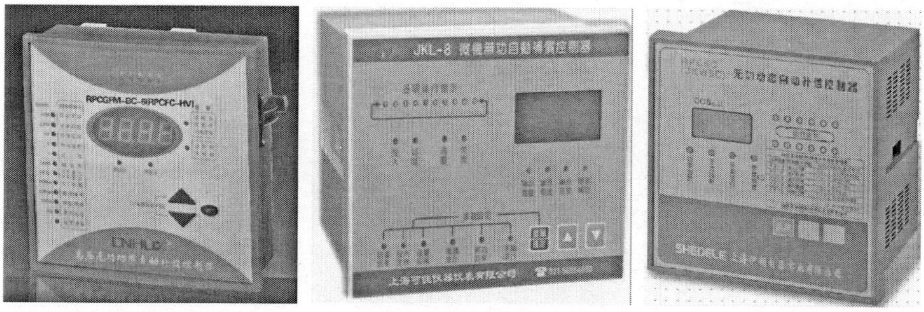

图 4－3　常见无功补偿装置

1. 认识无功补偿装置

（1）请观察从仓库领取的材料并借助多媒体上网或查找相关书籍。回答以下问题。

1）无功功率自动补偿控制器主要使用在哪里？

______

______

2）无功功率自动补偿控制器主要功能是什么？

______

______

3）填写 RPC5Fx－Bx 无功功率自动补偿控制器主要技术数据。

额定工作电压：______

额定工作电流：______

额定工作频率：______

测量无功功率：______

测量有功功率：______

欠电压保护值：______

（2）相关知识。在交流电路中，电压与电流之间的相位差（Φ）的余弦叫做功率因数，用符号 $\cos\Phi$ 表示。在数值上，功率因数是有功功率和视在功率的比值，即 $\cos\Phi = P/S$。

（3）无功补偿器的设置方法见《工厂供配电系统的安装与维修》（ISBN 978－7－5130－2185－2）P108。

（4）观察图 4－4，回答以下问题。

1 表示什么？______

2 表示什么？______

3 表示什么？______

4 表示什么？______

5 表示什么？______

6 表示什么？______

7 表示什么？______

8 表示什么？______

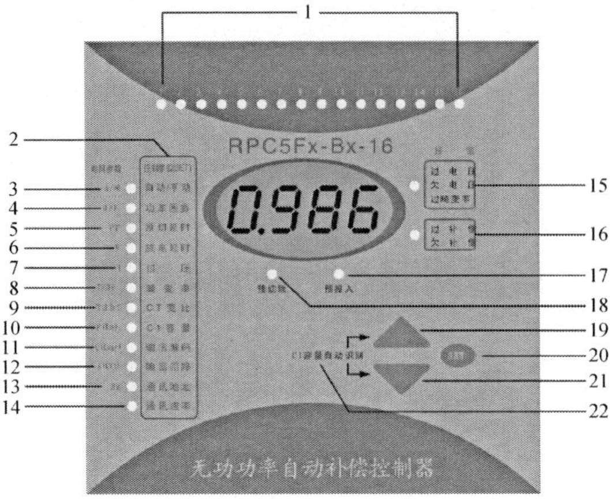

图 4-4　无功补偿器的前面板

9 表示什么？____________________

10 表示什么？____________________

11 表示什么？____________________

12 表示什么？____________________

13 表示什么？____________________

14 表示什么？____________________

15 表示什么？____________________

16 表示什么？____________________

17 表示什么？____________________

18 表示什么？____________________

19 表示什么？____________________

20 表示什么？____________________

21 表示什么？____________________

22 表示什么？____________________

2. 认识电抗器

(1) 借助多媒体上网查找或查找相关书籍，回答下列问题。

1) 图 4-5 中的元器件叫什么？____________________

2) 电抗器的用途是什么？____________________

3) 电抗器的英语名称简称是什么？____________________

4) 电抗器的文字符号是什么？____________________

5) 电抗器有哪些技术参数？____________________

(2) 阅读下列资料，填写下列工作页空白处。

电抗器是依靠线圈的感抗阻碍电流变化的电器，按用途分为 8 种。

1) 限流电抗器。串联于电力电路中，以限制短路电流的数值。

2) 并联电抗器。一般接在超高压输电线的末端和地之间，起无功补偿作用。

3）通信电抗器，又称阻波器。串联在兼作通信线路用的输电线路中，用以阻挡载波信号，使之进入接收设备。

4）消弧电抗器，又称消弧线圈。接于三相变压器的中性点与地之间，用以在三相电网的一相接地时供给电感性电流，以补偿流过接地点的电容性电流，使电弧不易起燃，从而消除由于电弧多次重燃引起的过电压。

5）滤波电抗器。用于整流电路中减少主流电流上纹波的幅值；也可与电容器构成对某种频率能发生共振的电路，以消除电力电路某次谐波的电压或电流。

6）电炉电抗器。与电炉变压器串联，限制其短路电流。

7）起动电抗器。与电动机串联，限制其起动电流。

8）干式铁芯串联电抗器。用于低压无功补偿柜中，与电容器相串联。当低压电网中有大量整流、变流装置等谐波源时，其产生的高次谐波会严重危害主变及其他电气设备的安全运行。电抗器与电容器串联后，能有效地抑制电网谐波，改善系统的电压波形，提高系统的功率因数，并能有效地减小合闸涌流及操作过电压，保证了电容器的安全运行。

对照你所领取的电抗器，记录下电抗器的铭牌内容，并描述它们的含义。

____

____

3. 认识电容交流接触器

（1）借助多媒体上网查找或查找相关书籍，回答下列问题。

1）图 4－6 中的元器件叫什么？________________

2）电容交流接触器的作用是什么？________________

3）电容交流接触器的英语名称简称是什么？________________

4）电容交流接触器的文字符号是什么？________________

图 4－5　电抗器

图 4－6　电容交流接触器

（2）认真学习下列内容，并填写工作页空白处。

CJ19 系列切换电容接触器适用于交流 50Hz、额定工作电压为 380V 电力线路中，供低压无功功率补偿设备投入或切除低压并联电容器之用。接触器带有抑制涌流装置，能有效地减少合闸涌流对电容器的冲击。

CJ19 切换电容接触器工作原理。当控制回路通电后，接触器吸合，串入限流电阻线的上主触头先于下主触头接通，从而达到抑制涌流作用。完成后瞬间断开复位，其间下主触头进入正常工作，而断开回路时则由下主触头完成复位，因限流电阻瞬间接入，所以不会造成长期的电力浪费和烧损。

CJ19 切换电容接触器结构。接触器为直动式双断点结构，触头系统分上下两层布置，上层有三对预充触头与切合电阻构成抑制涌流装置。当合闸时它先接通经数毫秒之后工作触头接通，预充触头中永久磁块在弹簧反作用下释放，断开切合电阻，使电容器正常工作。接触器内部电路连接见图 4－7。其型号及其含义见图 4－8。

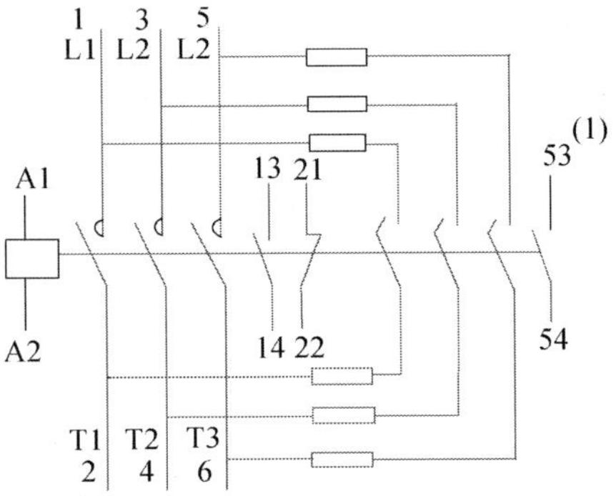

图 4－7　CJ19 切换电容内部电路

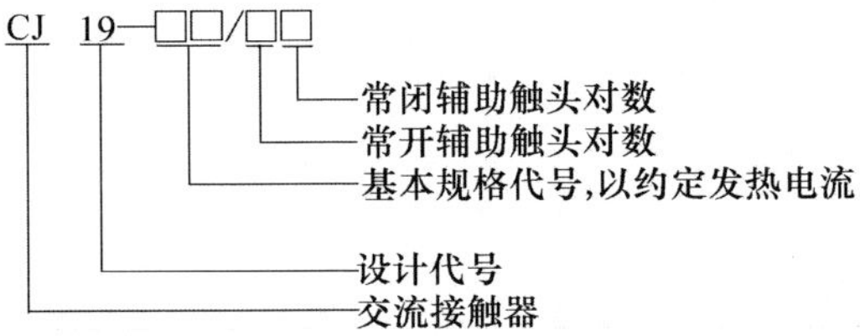

图 4－8　CJ19 切换电容的型号及含义

1）电容交流接触器应用在什么地方？ ______

2）电容交流接触器的类型有几种？ ______

3）电容交流接触器有几种保护功能？ ______

4）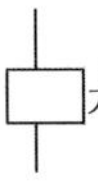是什么？ ______

5）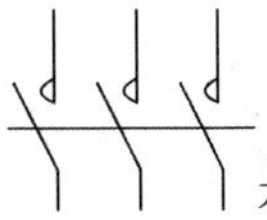是什么？ ______

6）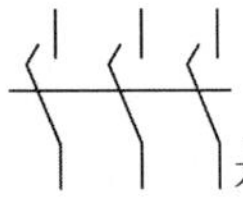是什么？ ______

7）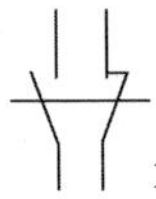是什么？ ______

8）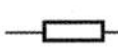是什么？ ______

4. 认识避雷器

认真观察图 4－9 并查阅资料后填写工作业空白处。

图 4－9 避雷器

（1）氧化锌避雷器的分类。

1）氧化锌避雷器按额定电压值来分类，可分为三类。

① 高压类：指 66kV 以上等级的氧化锌避雷器系列产品，大致可划分为 500kV、220kV、110kV、66kV 四个电压等级。

② 中压类：指 3～66kV（不包括 66 系列的产品）范围内的氧化锌避雷器系列产品，大致可划分为 3kV、6kV、10kV、35kV 四个电压等级。

③ 低压类：指 3kV 以下（不包括 3kV 系列的产品）的氧化锌避雷器系列产品，大致可划分为 1kV、0.5kV、0.38kV、0.22kV 四个电压等级。

2）氧化锌避雷器按标称放电电流可划分为 20kA、10kA、5kA、2.5kA、1.5kA 五类。

3）氧化锌避雷器按用途可划分为系统用线路型、系统用电站型、系统用配电型、并联补偿电容器组保护型、电气化铁道型、电动机与电动机中性点型、变压器中性点型七类。

4）氧化锌避雷器按结构性能可分为三类：无间隙（W）、带串联间隙（C）、带并联间隙（B）。

（2）根据以上内容回答以下问题。

1）氧化锌避雷器按电压等级分为哪几类？

____

2）氧化锌避雷器低压类电压划分为哪几个等级？

____

3）氧化锌避雷器放电电流分为几类？

____

4）氧化锌避雷器结构性能可分为哪三类？

____

（3）根据图 4－10 回答以下问题。

1）是什么？

____

图 4-10　工作柜元件

2）它们是什么材料做的？

3）避雷器的作用是什么？

（4）避雷器的工作原理（见图 4-11）。

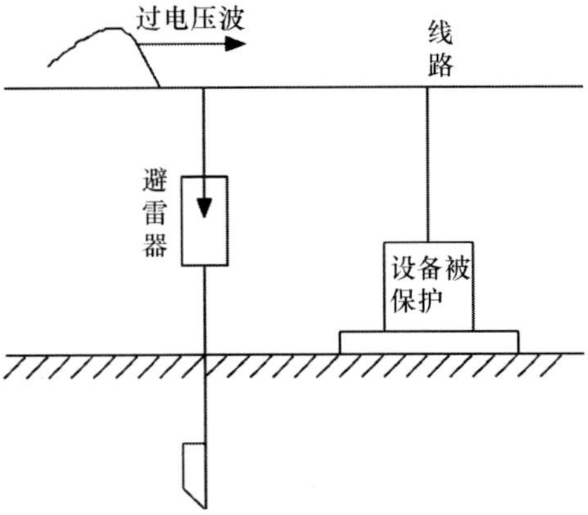

图 4-11　避雷器的工作原理

图 4-12　热继电器

避雷器是连接在导线和地之间的一种防止雷击的设备，通常与被保护设备并联。避雷器可以有效的保护电力设备，一旦出现不正常电压，避雷器产生作用，起到保护作用。当被保护设备在正常工作电压下运行时，避雷器不会产生作用，对地面来说视为断路。一旦出现高电压，且危及被保护设备绝缘时，避雷器立即动作，将高电压冲击电流导向大地，从而限制电压幅值，保护电气设备绝缘。当过电压消失后，避雷器迅速恢复原状，使系统能够正常供电。避雷器的主要作用是通过并联放电间隙或非线性电阻的作用，对入侵流动波进行削幅，降低被保护设备所受过电压值，从而达到保护电力设备的作用。

避雷器不仅可用来防护大气高电压，也可用来防护操作高电压。如果出现雷雨天气，电闪雷鸣就会出现高电压，电力设备就有可能有危险，此时避雷器就会起作用，保护电力设备免受损害。避雷器的最大作用也是最重要的作用就是限制过电压以保护电气设备。避雷器是使雷电流流入大地，使电气设备不产生高压的一种装置，主要类型有管型避雷器、阀型避雷器和氧化锌避雷器等。每种类型避雷器的主要工作原理是不同的，但是他们的工作实质是相同的，都是为了保护电气设备不受损害。

5. 认识热继电器

(1) 借助多媒体上网查找或查找相关书籍，回答下列问题。

1) 图 4-12 中的元器件是什么？____________________

2) 热继电器的作用是什么？____________________

3) 热继电器由哪几部分组成？____________________

4) 热继电器的用途是什么？____________________

(2) 热继电器的原理。热继电器是用于电动机或其他电气设备、电气线路的过载保护的保护电器。电动机在实际运行中，如拖动生产机械进行工作过程中，若机械出现不正常的情况或电路异常使电动机遇到过载，则电动机转速下降、绕组中的电流将增大，使电动机的绕组温度升高。若过载电流不大且过载的时间较短，电动机绕组不超过允许温升，这种过载是允许的。但若过载时间长、过载电流大，电动机绕组的温升就会超过允许值，使电动机绕组老化，缩短电动机的使用寿命，严重时甚至会使电动机绕组烧毁。所以，这种过载是电动机不能承受的。热继电器就是利用电流的热效应原理，在出现电动机不能承受的过载时切断电动机电路，为电动机提供过载保护的保护电器。

(3) 热继电器的结构见图 4-13。

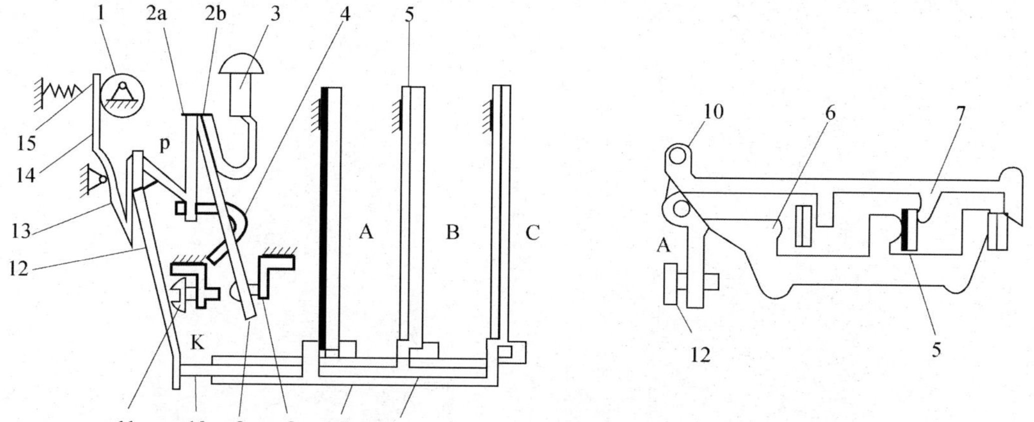

图 4-13　热继电器的结构

1—电流调节凸轮；2—片簧（2a；2b）；3—手动复位按钮；4—弓簧片；5—主金属片；6—外导板；7—内导板；8—常闭静触点；9—动触点；10—杠杆；11—常开静触点；（复位调节螺钉）；12—补偿双金属片；13—推杆；14—连杆；15—压簧

（4）热继电器的种类很多，常用的有 JR0、JR16、JR16B、JRS 和 T 系列。

（5）热继电器的型号及含义 。以 JR 系列热继电器为例，型号含义如图 4－14 所示。

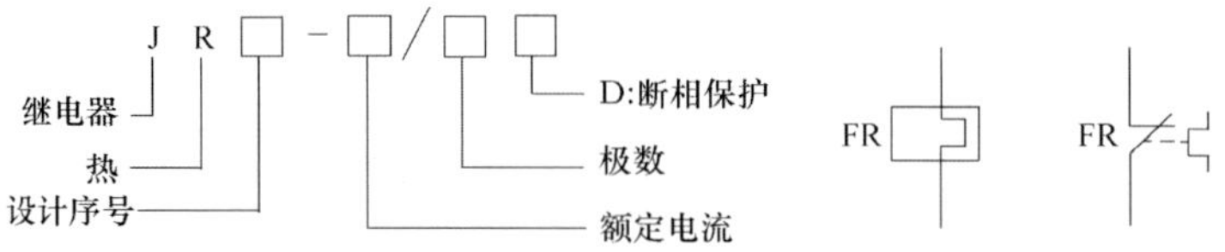

图 4－14　JR 系列热继电器的型号及含义

（6）请查阅相关资料回答下列问题。

1）热继电器的工作原理是什么？

2）热继电器的作用是什么？

3）热继电器由哪几部分组成？

4）热继电器常用的类型有哪几种？

5）请画出热继电器的图形符号。

6. 认识电容器

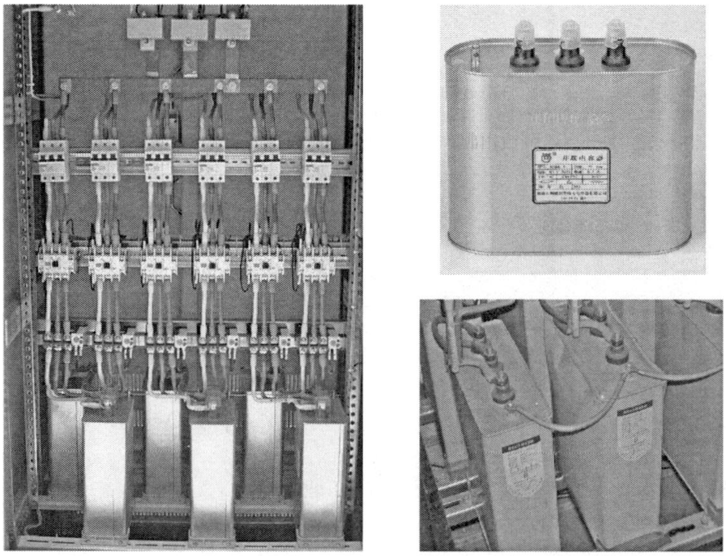

图 4－15　电容器

（1）请查阅相关资料回答下面问题。

1）图 4－15 中的元器件是什么？______

2）电容器的作用是什么？______

3）电容器主要应用在什么地方？______

（2）电力电容器的补偿原理。电容器在原理上相当于产生容性无功电流的发电机。其无功补偿的原理是把具有容性功率负荷的装置和感性功率负荷并联在同一电容器上，能量在两种负荷间相互转换。这样，电网中的变压器和输电线路的负荷降低，从而输出有功能力增加。在输出一定有功功率的情况下，供电系统的损耗降低。比较起来电容器是减轻变压器、供电系统和工业配电负荷的最简便、最经济的方法。因此，电容器作为电力系统的无功补偿势在必行。当前，采用并联电容器作为无功补偿装置已经非常普遍。

（3）电力电容器补偿的特点。

1）电力电容器无功补偿装置具有安装方便、安装地点增减方便，有功损耗小（仅为额定容量的 0.4 %左右），建设周期短，投资小，无旋转部件、运行维护简便，个别电容器组损坏不影响整个电容器组运行等优点。

2）电力电容器无功补偿装置的缺点有：只能进行有级调节，不能进行平滑调节；通风不良，一旦电容器运行温度高于 70℃时，易发生膨胀爆炸；电压特性不好，对短路稳定性差，切除后有残余电荷；无功补偿精度低，易影响补偿效果；补偿电容器的运行管理困难及电容器安全运行的问题未受到重视等。

（4）无功补偿方式。

1）高压分散补偿。高压分散补偿实际就是在单台变压器高压侧安装的，用以改善电源电压质量的无功补偿电容器。其主要用于城市高压配电中。

2）高压集中补偿。高压集中补偿是指将电容器装于变电站或用户降压变电站 6～10kV 高压母线的补偿方式；电容器也可装设于用户总配电室低压母线，适用于负荷较集中、离配电母线较近、补偿容量较大的场所，用户本身又有一定的高压负荷时，可减少对电力系统无功的消耗并起到一定的补偿作用。其优点是易于实行自动投切，可合理地提高用户的功率因素，利用率高，投资较少，便于维护，调节方便可避免过补，改善电压质量。但这种补偿方式的补偿经济效益较差。

3）低压分散补偿。低压分散补偿就是根据个别用电设备对无功的需要量将单台或多台低压电容器组分散地安装在用电设备附近，以补偿安装部位前边的所有高低压线路和变压器的无功功率。其优点是用电设备运行时，无功补偿投入，用电设备停运时，补偿设备也退出，可减少配电网和变压器中的无功流动从而减少有功损耗；可减少线路的导线截面及变压器的容量，占位小。缺点是利用率低、投资大，对变速运行，正反向运行，点动、堵转、反接制动的电机则不适应。

4）低压集中补偿。低压集中补偿是指将低压电容器通过低压开关接在配电变压器低压母线侧，以无功补偿投切装置作为控制保护装置，根据低压母线上的无功符合而直接控制电容器的投切。电容器的投切是整组进行，做不到平滑的调节。低压补偿的优点：接线简单、运行维护工作量小，使无功就地平衡，从而提高配变利用率，降低网损，具有较高的经济性，是目前无功补偿中常用的手段之一。

（5）电容器补偿容量的计算。无功补偿容量宜按无功功率曲线或无功补偿计算方法确定，其计算公式如下：

$$Q_C = p(\tan\phi_1 - \tan\phi_2) \quad 或 \quad Q_c = pq_c$$

式中：Q_c 为补偿电容器容量；P 为负荷有功功率；$\cos\phi_1$ 为补偿前负荷功率因数；$\cos\phi_2$ 为补偿后负荷功率因数；q_c 为无功功率补偿率。

（6）根据以上内容回答以下问题。

1）为什么要进行无功功率补偿？

2）无功功率补偿的原理是什么？

3）无功功率补偿的优缺点是什么？

4）现在最常用的无功功率补偿方式是什么？

5）无功功率补偿的计算公式是什么？

7. 展示与评价

（1）展示各组同学完成任务的过程和成果，必要时各组可以配备讲解人员，负责讲解过程中的详细操作和使用注意事项。在展示的过程中，以组为单位进行评价，其他组对展示小组的成果进行相应的评价，评价内容为表 4－8 的“小组评价”内容。课余时间本人完成“自我评价”，教师完成“教师评价”内容。

表 4－8　　评价表

任务评价表							
班级：______		小组：______	姓名：______		指导教师：______ 日期：______		
评价项目	评价标准	评价依据	评价方式			权重	得分小计
			学生自评 20%	小组互评 30%	教师评价 50%		
职业素养	（1）遵守企业规章制度、劳动纪律 （2）按时按质完成工作任务 （3）积极主动承担工作任务，勤学好问 （4）人身安全与设备安全 （5）工作岗位 6S 完成情况	（1）出勤 （2）工作态度 （3）劳动纪律 （4）团队协作精神				0.3	

续表

任务评价表							
班级：________		小组：________		姓名：________		指导教师：________ 日期：________	
评价项目	评价标准	评价依据	评价方式			权重	得分小计
			学生自评 20%	小组互评 30%	教师评价 50%		
专业能力	（1）了解各种元器件的原理及作用 （2）掌握各种元器件的线路连接。 （3）掌握一次、二次线路的原理和作用 （4）根据控制要求完成安装与调试	（1）操作的准确性和规范性 （2）工作页或项目技术总结完成情况 （3）专业技能任务完成情况				0.5	
创新能力	（1）在任务完成过程中能提出自己的有一定见解的方案 （2）在教学或生产管理上提出建议，具有创新性	（1）方案的可行性及意义 （2）建议的可行性				0.2	
合计							

（2）教师点评。

1）找出各组的优点并点评。

2）展示过程中各组的缺点，提出改进方法。

学习活动五　现场施工

【学习目标】

（1）能按照作业规程应用必要的标识和隔离措施，准备现场工作环境。

（2）能按图纸、工艺要求、安装规程要求，进行护套线布线施工。

（3）施工后，能按施工任务书的要求直观检查。

【学习地点】

供配电实训室

【学习课时】

4 课时

【学习过程】

（1）引导问题。

1）通过多媒体设备上网或查阅相关“电业安全操作规程、电工手册、电气安装施工规范”等资料。施工前要进行哪些必要的安全隔离措施？顺序是什么？

____

____

2）施工前必要的安全标识挂于何处？其内容是什么？

____

____

3）电缆线绝缘层的剖削方法和步骤是什么？

____

____

4）电容器、避雷器、接触器、热继电器和电抗器的端子如何识别？

____

____

5）电缆线的安装工艺要求有哪些？

____

____

6）电容器的安装要求有哪些规定？

____

____

7）避雷器的安装工艺要求有哪些？

____

____

8）接触器的安装接线要求有哪些？

____

____

9）热继电器的安装接线要求有哪些？

____

____

（2）补偿装置接线（见图 4－16、图 4－17、图 4－18）。

（3）制订工作计划并实施。

1）计划的制订需要考虑如下问题。①确定完成任务的工作过程中使用到的电工工具的使用方法和安全注意事项、规程、工艺要求。②制订施工具体步骤。

2）确定工作流程。拿你的计划和小组其他成员的计划比较，相互借鉴、组合、优化，通过讨论定出一个可行的完整计划，并按计划步骤填写下面的工作流程图（见图 4－19，方框不够可以另加、有多可以留空白）。

3）现场施工。①在学生施工前，教师要做规范性示范操作。②在学生进行施工时，教师要进行巡回指导，发现问题及时解决。

（4）展示与评价。

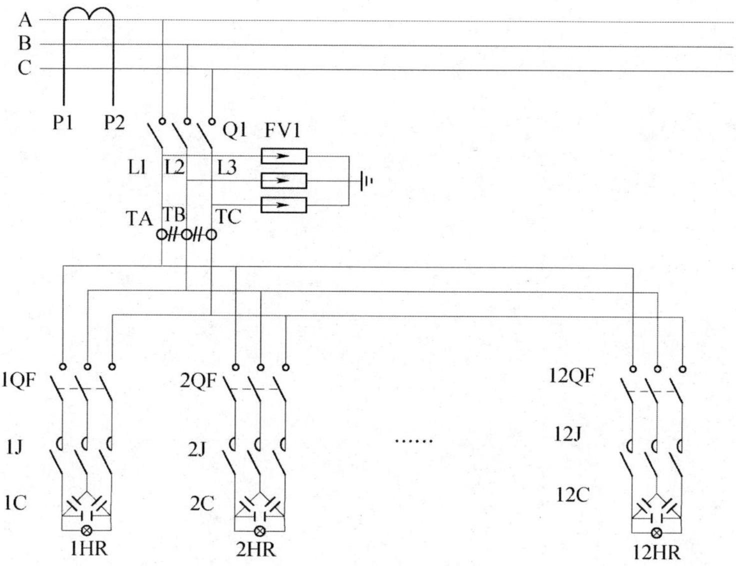

图 4－16　补偿装置接线图 1

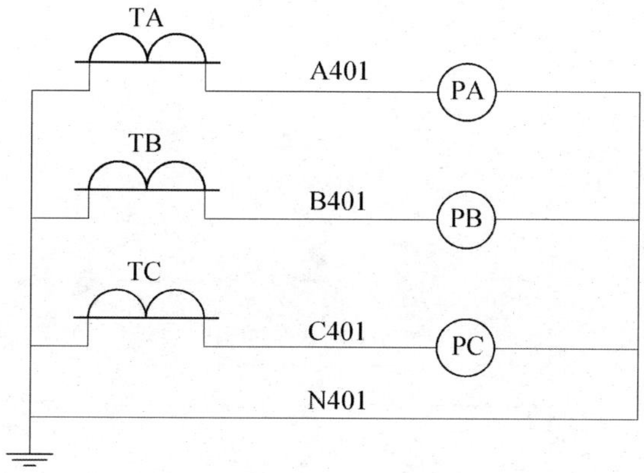

图 4－17　补偿装置接线图 2

1）在施工过程中，所用到的工具你能否正确使用？能否熟练操作？

____

____

2）施工是否顺利？能按时完成施工吗？

____

____

3）小组分工是否合理？是否出现纠纷？配合是否良好？

____

____

4）总结这次任务是否达到学习目标？

____

____

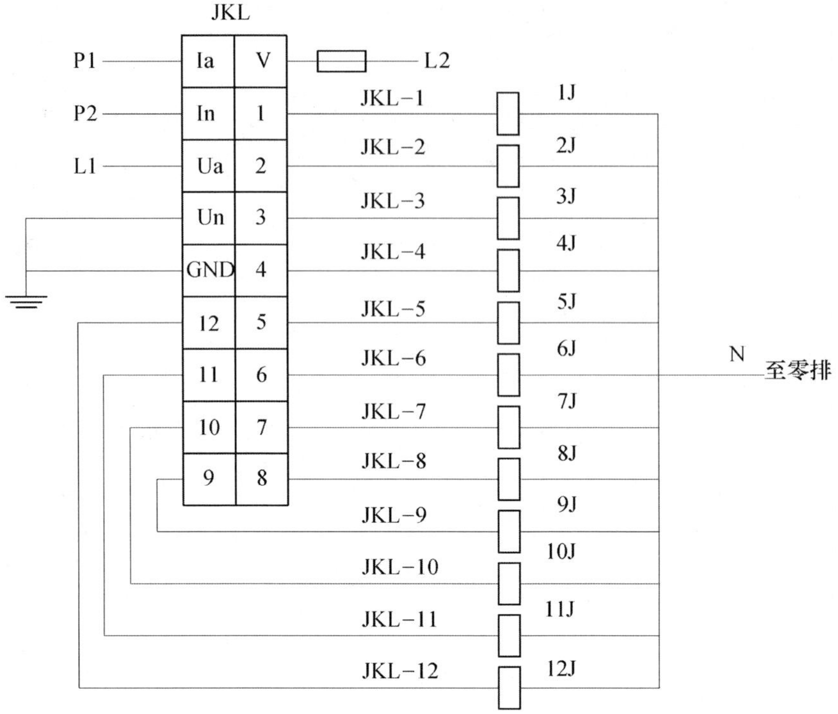

图 4 - 18　补偿装置接线图 3

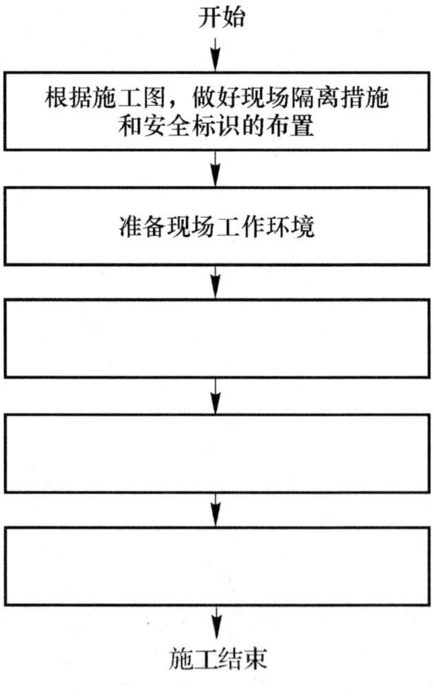

图 4 - 19　工作流程图

5）有哪些地方需要在今后的学习任务中改良？

____

____

6）各个小组展示施工后的成果，以组为单位进行评价，其他组对展示小组的过程及结果进行相应的评价，评价内容为表 4－9 的“小组评价”内容。课余时间本人完成“自我评价”，教师完成“教师评价”内容。

表 4－9　　　　　　　　　　　　　　　　评价表

任务评价表							
班级：＿＿＿＿		小组：＿＿＿＿		姓名：＿＿＿＿		指导教师：＿＿＿＿ 日期：＿＿＿＿	
评价项目	评价标准	评价依据	评价方式			权重	得分小计
			学生自评 20%	小组互评 30%	教师评价 50%		
职业素养	（1）遵守企业规章制度、劳动纪律 （2）按时按质完成工作任务 （3）积极主动承担工作任务，勤学好问 （4）人身安全与设备安全 （5）工作岗位 6S 完成情况	（1）出勤 （2）工作态度 （3）劳动纪律 （4）团队协作精神				0.3	
专业能力	（1）了解低压补偿柜的工作原理，掌握系统接线原理及作用 （2）掌握低压补偿柜各种元器件的接线。 （3）掌握一次、二次线路的连接 （4）根据控制要求完成安装与调试	（1）操作的准确性和规范性 （2）工作页或项目技术总结完成情况 （3）专业技能任务完成情况				0.5	
创新能力	（1）在任务完成过程中能提出自己的有一定见解的方案 （2）在教学或生产管理上提出建议，具有创新性	（1）方案的可行性及意义 （2）建议的可行性				0.2	
合计							

7）教师点评。

①找出各组的优点并点评。

②展示过程中各组的缺点，提出改进方法。

学习活动六　施工项目验收

【学习目标】

（1）施工后，能按施工任务书的要求直观检查。

（2）按电工作业规程，作业完毕后能清点工具、人员，收集剩余材料，清理工程垃圾，拆除防护措施。

（3）能正确填写任务单的验收项目，并交付验收。

【学习地点】

施工现场

【学习课时】

4课时

【学习过程】

1. 引导问题

（1）作业完毕后清点所用的工具有哪些？并整理好工具。

____

____

（2）拆除防护措施的顺序是什么？

____

____

（3）作业完毕后收集剩余材料。清理工程垃圾的具体工作有哪些？

____

____

2. 低压无功补偿柜装置的工艺要求

（1）本工艺要求的使用范围是无功功率补偿装置中元器件的安装及调整。

（2）安装调整的主要工具。

1）工具：螺钉旋具、圆头锤、扳手、钢丝钳、电笔、手电钻、丝锥、剪线钳、钳工锉、套筒扳手、锡炉、压线机。

2）量具：钢卷尺、塞尺、摇表、万用表。

（3）作业条件。

1）设计图纸齐全，并且经过设计技术审核，布线方案已编制审定。

2）设备、材料按安装方案的要求，经过检查、清点，符合设计要求，附件、备件齐全；电器技术文件齐全。

（4）操作工艺流程：安装过程原则上先主电路后辅助电路，自上而下，具体安装程序视图面布置而定，一般为主开关→补偿控制器→熔断座→接线盒→避雷器→母排→绝缘子→电容器→一次接线→指示灯→控制器→二次接线。

（5）安装方法。

1）刀开关的安装。

①检查开关型号、规格、操作方式等是否符合图纸要求，确认开关是否完好。

②打开开关前盖，将开关安装孔对准骨架固定孔，用螺栓固定，固定时需保证开关位置垂直端正，固定面应平整，紧固螺栓用力适当，以免损坏塑料底板。

③为防止分断时喷弧造成短路，应将与自动开关连接的母线在200mm以内包以绝缘

布，同时在喷弧方向一定距离内不得有其他零件（按开关生产厂说明书）。

④分合开关，按开关生产厂使用说明书检查主触头分合状态是否正常。

⑤将前盖按原样固定在开关上，进线端相间有隔弧板的必须按规定装上。

⑥板后接线的自动开关必须安装在绝缘面板上。

⑦开关上各类调整螺钉、调节栓，如脱扣器调节螺钉等，因出厂时已全部调整好，不得任意自行调整。

⑧安装时不得损坏开关触头及其他零件，不得损伤绝缘外壳，接地处应可靠接地。

2）控制器的选用和安装。

①按布置图将控制器安装孔眼对准柜体柜架上的固定孔眼，然后用螺栓和弹簧垫片固定。安装须端正不歪斜，并可靠接地。

②控制器必须垂直安装，标识面可以清晰观察。

③控制器的控制线按图纸要求对号安装。

3）补偿控制器的安装。

①按布置图将控制器安装孔眼对准柜体柜架上的固定孔眼，然后用螺栓和弹簧垫片固定，安装须端正不歪斜，并可靠接地。

②控制器必须垂直安装，进线接口向上，标识面可以清晰观察。

③控制器的控制线按图纸要求对号安装。

4）电容器的安装。

①当补偿装置的总容量和组数确定后，还需对单台电容器的电容量、外形结构尺寸、安装方式（垂直、水平）、以及内部连接形式和填充料种类（干式、油渍式）等参数进行选择。

②按布置图将电容器安装孔眼对准柜体骨架上的固定孔眼（一般装在两根方梁之间的空隙位置上），然后用螺栓和弹簧垫片固定。安装须端正不歪斜，应可靠接地。电容器必须垂直安装，标识面可以清晰观察。

③多台电容器安装水平间距不小于 40mm，多层安装时层间距必须得保证其绝缘并且不得有阻碍空气流动的水平隔板。

5）熔断器的安装。

①安装位置及相互间距应便于更换熔体；更换熔体时，应切断电流，更不允许带负荷换熔体，并应换上相同额定电流的熔体。

②标识熔体，其标识的方向应装在便于观察侧。

③安装应保证熔体和熔断座接触良好，以免因熔体温度升高发生误动作。安装熔体时，必须注意不要使它受机械损伤，以免减少熔体截面积，产生局部发热而造成误动作。

6）导线的安装。

①主电路的电线、母排的选用按母线排选择工艺标准进行选用。

②电容器支路导线的载流量应不小于电容器额定工作电流的 1.5 倍。

③辅助电路导线的截面积应不小于 1.0mm^2 的铜芯多股绝缘导线。

④电流测量回路的导线截面积应不小于 2.5mm^2。

⑤按电器的接线端头标志接线

⑥一般情况下，一个连接端子只连接一根导线，必要时允许连接两根导线，但应采取适当措施。对于有三个及以上补偿支路的装置，应设置汇流母线或汇流端子，采用由主母线向补偿支路供电的方式连接。电源导线应连接在进线端，负荷侧的导线应接在出线端。

⑦电器的接线螺栓及螺钉应有防锈镀层，连接时，螺钉应拧紧。母线与电器连接时，连接处不同相母线的最小距离应符合标准要求。

7）接线端子排安装：按接线图（根据接线多少和电流大小）选择接线端子，组合好，然后紧固在相应的位置上。

8）辅助回路下线配置按辅助回路上线配置工艺要求。

9）电气元件符号标注、辅助回路接线标号按标号头和符号牌加工和固定工艺要求。

10）电气辅件安装及一、二次布线全部完成后，按图、检验卡进行检验，合格后按规定进行机械、电器调整。

11）安装中注意事项。

①各元件处应有与原理图或接线图相符的符号或代号的醒目标注。

②不同极性裸露带电体之间及它们与金属构件中的电气间隙与爬电距离，由于产品设计要求较严，除原来的标准外，其电气间隙≥10mm与爬电距离均≥14mm。

③所有开关，电器有接地标志的（或按说明书规定），均需可靠接地。电流互感器不得开路，应可靠接地。

④电气元件的布置应整齐、端正，便于安装、接线、维修和更换，应设有与电路图一致的符号或代号；所有的紧固件都应采取防松措施，暂不接线的螺钉也应拧紧。

⑤选择电气元器件及辅件时，应注意电容器在1.1倍的额定电压下长期运行，所以通常电气元器件及辅件的选择应满足1.1倍电容器额定电流条件下连续运行。

⑥在安装操作器件（如手柄、开关、按钮等）时，安装高度的中心线不宜高于装置基准面2m 。紧急操作器件宜装在距装置安装基准面的0.8～1.6m范围内。

（6）工程验收时，应对下列项目进行检查。

1）开关安装正确，动作正常。

2）电气器件、设备的安装固定应牢固、平正。

3）电器通电试验、灯具试亮及灯具控制性能良好。

4）电能表端盒等器件外观良好，绝缘器件无裂纹，安装牢固、平正，安装方法得当。

（7）工程交接验收时，宜向用户提交下列资料。

1）配线竣工图，图中应标明低压元器件规格型号、导线截面积和规格型号。

2）开关、电器设备的安装使用说明书、合格证、保修卡等。

（8）完成施工后，学生对照自己的成果进行直观检查，学生自己完成“自检”部分内容，同时也可以由老师安排其他同学（同组或别组同学）进行“互检”，并填写表4-10。“自检”和“互检”完成后，学生可能会根据自己或同学发现的问题，进行及时修正。各个小组可以通过本教学活动的展示，以组为单位进行评价，其他组对展示小组的过程及结果进行相应的评价，评价内容为表4-10的“小组评价”内容。课余时间本人完成“自我评价”，教师完成“教师评价”内容。

表 4－10　　评价表

任务评价表							
班级：______		小组：______		姓名：______		指导教师：______ 日期：______	
评价项目	评价标准	评价依据	评价方式			权重	得分小计
			学生自评 20%	小组互评 30%	教师评价 50%		
职业素养	（1）遵守企业规章制度、劳动纪律 （2）按时按质完成工作任务 （3）积极主动承担工作任务，勤学好问 （4）人身安全与设备安全 （5）工作岗位6S完成情况	（1）出勤 （2）工作态度 （3）劳动纪律 （4）团队协作精神				0.3	
专业能力	（1）了解电能表的工作原理，掌握系统接线原理及作用 （2）掌握电能表的各项参数 （3）掌握电能表的线路连接 （4）根据控制要求完成安装与调试	（1）操作的准确性和规范性 （2）工作页或项目技术总结完成情况 （3）专业技能任务完成情况				0.5	
创新能力	（1）在任务完成过程中能提出自己的有一定见解的方案 （2）在教学或生产管理上提出建议，具有创新性	（1）方案的可行性及意义 （2）建议的可行性				0.2	
合计							

（9）教师点评。

1）找出各组的优点并点评。

2）展示过程中各组的缺点，提出改进方法。

学习活动七　工作总结与评价

【学习目标】

（1）真实评价学生的学习情况。

（2）培养学生的语言表达能力。

（3）展示学生学习成果，树立学生学习信心。

【学习地点】

教室

【学习课时】

4 课时

【学习过程】

（1）同学们以小组形式，通过演示文稿、展板、海报、录像等形式，向全班展示、汇报学习成果。展示内容可以有以下方面。

1）通过低压计量柜安装过程学到了什么（专业技能和技能之外的东西）？

2）展示你最终完成的成果并说明它的优点。

3）安装质量存在问题吗？若有问题，是什么问题？什么原因导致的？下次该如何避免？

4）讨论你组的成果以什么形式展示？

（2）各个小组可以通过各种形式，对整个任务完成情况的工作总结进行展示，以组为单位进行评价，其他组对展示小组的过程及结果进行相应的评价，评价内容为表 4－11 的“小组评价”内容。课余时间本人完成“自我评价”，教师完成“教师评价”内容。

表 4－11　　评价表

序号	项目	自我评价			小组评价			教师评价		
		10～8	7～6	5～1	10～8	7～6	5～1	10～8	7～6	5～1
1	学习兴趣									
2	任务明确程度									
3	现场勘察效果									
4	学习主动性									
5	承担工作表现									
6	协作精神									
7	时间观念									
8	质量成本意识									
9	安装工艺规范程度									
10	创新能力									
总评										

（3）教师点评。

1）找出各组的优点并点评。

2）展示整个任务完成过程中各组的缺点，提出改进方法。

学习任务五
工厂低压计量柜安装与维护

【学习目标】

（1）能阅读“工厂低压计量柜安装与维护”工作任务单，明确工时、工艺要求，明确个人任务要求。

（2）能识别低压断路器、计量电能表、电流互感器等低压元器件，识读电路原理图。

（3）根据施工图纸，制订工作计划。

（4）正确使用电工常用工具，并根据任务要求和施工图纸，列出所需工具和材料清单，准备工具，领取材料。

（5）能按照作业规程应用必要的标识和隔离措施，准备现场工作环境。

（6）能按图纸、工艺要求、安装规程要求，进行护套线布线施工。

（7）施工后，能按施工任务的要求直观检查。

（8）按电工作业规程，作业完毕后能清点工具、人员，收集材料，清理工程垃圾，拆除防护措施。

（9）能正确填写任务单的验收项目，并交付验收。

（10）工作总结与评价。

【建议课时】

40 课时

【工作流程与活动】

学习活动一　明确工作任务
学习活动二　识读电路图
学习活动三　制订工作计划
学习活动四　施工前准备
学习活动五　现场施工
学习活动六　施工项目验收
学习活动七　工作总结与评价

【工作情境描述】

某工厂提出给工厂配电房的计量柜进行更换，用户要求两天完成该项工作，安装公司同意接受该项工作任务，开出任务单并委派维修电工人员前往工厂作业，并按客户要求两天完成任务，把客户验收单交付公司。

学习活动一　明确工作任务

【学习目标】

（1）能阅读“低压计量柜安装”工作任务单。
（2）能明确工时、工艺要求。
（3）能明确个人任务要求。

【学习地点】

供配电实训室

【学习课时】

4 课时

【学习过程】

（1）阅读安装工作联系单（见表 5 - 1），回答问题。

表 5 - 1　安装工作联系单

类别：水□ 电□ 暖□ 土建□ 其他□		日期：　年　月　日	
安装地点	XXX 工厂供配电房		
安装项目	低压计量柜安装		
需求原因			
申报时间	年　月　日	完工时间	年　月　日
申报单位	工厂供配电房	安装单位	电工班
验收意见		安装单位电话	89892222
验收人		承办人	
申报人电话	89897777	承办人电话	
物业负责人	李四	物业负责人电话	89896666

（2）引导问题。

1）该项工作在什么地点进行？

____

____

2）该项工作要求什么时间开始做？

____

____

3）该项工作要求什么时间完成？

4）该项工作要求多长时间完成？

5）该项工作是哪个单位申报的？

6）该项工作具体内容是什么？

7）该项任务交给你和同组人，你们的名字签在何处？

8）该项工作完成后交给谁验收？

9）验收意见应该是什么内容？

10）你认为使用安装工作联系单有什么作用？

11）该项工作怎样才算完成了？

（3）根据各同学对“安装工作联系单”的理解，完成“自我评价”内容。评价表见表5－2。

表5－2　　评价表

序号	项目	自我评价		
		10～8	7～6	5～1
1	学习兴趣			
2	正确理解工作任务			
3	遵守纪律			
4	学习主动性			
5	学习准备充分、齐全			

续表

序号	项目	自我评价		
		10～8	7～6	5～1
6	协作精神			
7	时间观念			
8	仪容仪表符合活动要求			
9	语言表达规范			
10	工作效率与工作质量			
总评				
		体会：		

（4）教师点评。

1）找出各组的优点并点评。

2）展示过程中各组的缺点，提出改进方法。

学习活动二　识读电路图

【学习目标】

能识读电路图

【学习地点】

供配电实训室

【学习课时】

12 课时

【学习过程】

（1）根据图 5－1 回答工作问题。

1）HL 表示什么？＿＿＿＿＿＿＿＿

2）LHa，c 表示什么？＿＿＿＿＿＿＿＿

3）RDa，b，c 表示什么？＿＿＿＿＿＿＿＿

4）YH 表示什么？＿＿＿＿＿＿＿＿

5）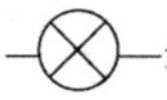表示什么？＿＿＿＿＿＿＿＿

6）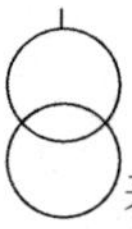表示什么？＿＿＿＿＿＿＿＿

7）请简述一次回路的特点。＿＿＿＿＿＿＿＿

（2）根据图 5－2、图 5－3 回答问题。

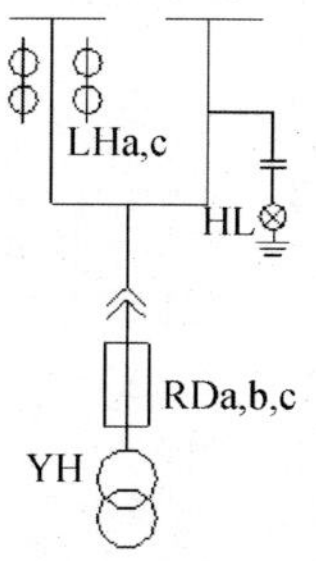

图 5－1　低压计量柜一次回路

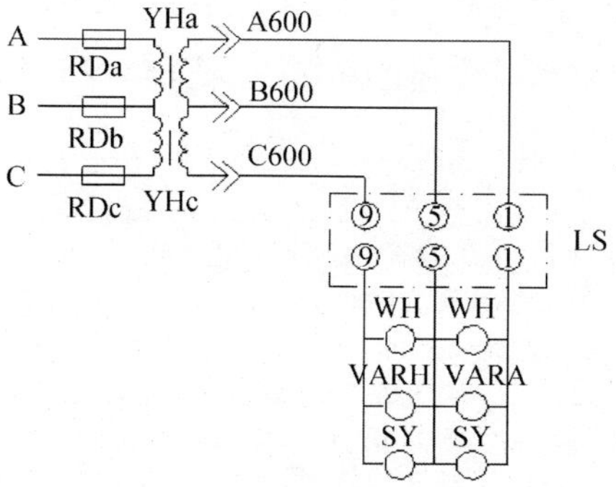

图 5－2　电压测量回路

1）WH 表示什么？

2）VARH 表示什么？

3）LS 表示什么？

4）SY 表示什么？

5）TA 表示什么？

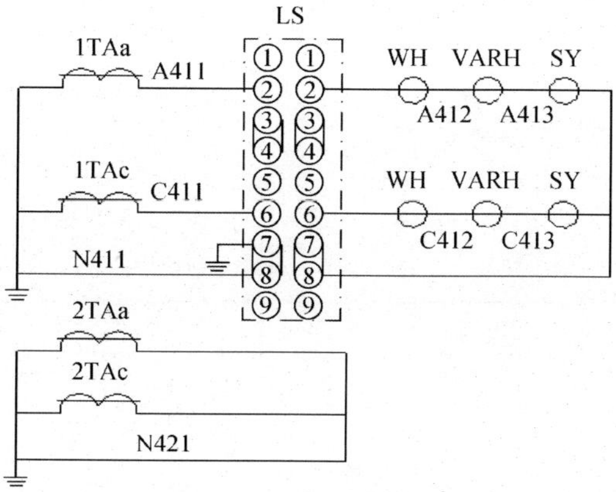

图 5－3　电流测量回路

（3）查看相关资料完成表 5－3。

表 5－3　　**电气元器件符号**

名称	文字符号	图形符号
断路器		
熔断器式开关		
熔断器		
电流互感器		
无功电度表		
有功电度表		
交流电压表		
信号灯		

（4）引导问题。

1）计量柜一次电路由哪几部分组成？

______

______

2）信号灯在电路中起什么作用？

______

______

3）开关在电路中起什么作用？

______

______

4）熔断器在电路中起什么作用？

______

______

5）该电路中电源是多少伏？

______

______

6）电路的状态有哪三种？

______

______

（5）本人完成表 5－4 中“自我评价”，教师完成“教师评价”内容。

表 5－4 **评价表**

序号	项目	自我评价			小组评价			教师评价		
		10～8	7～6	5～1	10～8	7～6	5～1	10～8	7～6	5～1
1	学习兴趣									
2	正确识读电路图									
3	遵守纪律									
4	学习主动性									
5	元件认识程度									
6	协作精神									
7	时间观念									
8	仪容仪表符合活动要求									
9	语言表达规范									
10	工作效率与工作质量									
总评										

（6）教师点评。

1）找出各组的优点并点评。

2）展示过程中各组的缺点，提出改进方法。

学习活动三　制订工作计划

【学习目标】

（1）能根据施工图纸，制订工作计划。

（2）能根据任务要求和施工图纸，列举所需工具和材料清单。

【学习地点】

供配电实训室

【学习课时】

2 课时

【学习过程】

（1）引导问题。

1）安装需要的工具有哪些？

____

____

2）安装需要的材料有哪些？

____

____

3）安装的主要内容是什么？个人要做的工作有哪些？

____

____

4）按图要求电气设备工作电压是多少？工作电流多大？

____

____

（2）工作计划表可以是表格的形式，也可以是流程图的形式或者文字的形式。描述你对现场勘查的信息记录，并制订相应的工作计划。经小组讨论后，确定出工作计划。

（3）根据制订出的任务方案领取实施任务所需要的工具及材料。

为完成工作任务，每个工作小组需要向工作站内仓库工作人员借用工具及领取材料，见表 5－5 和表 5－6。

表 5-5　　工作站借用工具清单

序号	名称	数量	规格	单位	借出时间	借用人签名	归还时间	归还人签名	管理员签名	备注

表 5-6　　工作组借用材料清单

序号	名称	规格型号	单位	申领数量	实发数量	归还时间	归还人签名	管理员签名	备注

(4) 各个小组可以通过不同的形式展示本组学员完成的工作计划表和例举的工具清单，以组为单位进行评价，其他组对展示小组的过程及结果进行相应的评价，评价内容为表 5-7 的“小组评价”内容。本人完成“自我评价”，教师完成“教师评价”内容。

表 5-7　　评价表

序号	项目	自我评价			小组评价			教师评价		
		10～8	7～6	5～1	10～8	7～6	5～1	10～8	7～6	5～1
1	学习兴趣									
2	遵守纪律									
3	计划表达形式									
4	列出材料数量									
5	列出材料质量									
6	列出工具数量									
7	列出工具质量									
8	协作精神									
9	查阅资料的能力									
10	工作效率与工作质量									
总评										

(5) 教师点评。

1) 找出各组的优点并点评。

2）展示过程中各组的缺点，提出改进方法。

学习活动四　施工前准备

【学习目标】

（1）能识别电能表、电流互感器、低压断路器等电工材料。

（2）能正确使用电工常用工具。

【学习地点】

供配电实训室

【学习课时】

10 课时

【学习过程】

从仓库领取的电能表、电流互感器、低压断路器等电工材料，学习其规格、型号、功能及使用规定。

1. 认识电能表

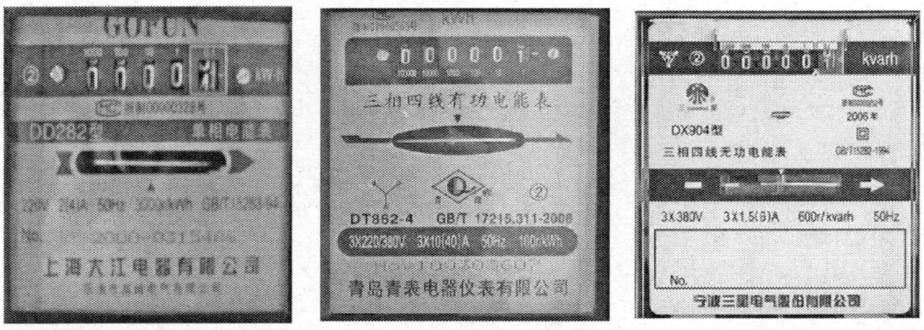

图 5－4　常见电能表

请观察从仓库领取的材料并借助多媒体上网或查找相关书籍，回答以下问题。

（1）请填写常用的电能表型号（见图 5－4）。

DD 表示什么？________________________________

DT 表示什么？________________________________

DS 表示什么？________________________________

DX 表示什么？________________________________

DSSD 表示什么？________________________________

DTSD 表示什么？________________________________

图 5-5　电能表的铭牌

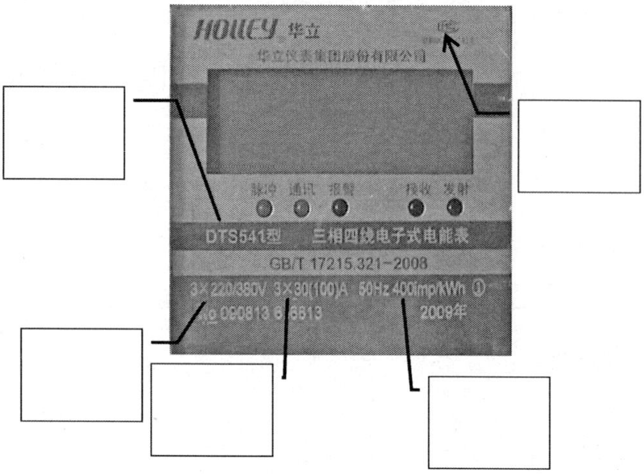

图 5-6　电能表各项参数的含义

(2) 图 5-5 中铭牌上有哪些参数？你能列出来吗？

____

____

(3) 你列出的参数分别表示什么含义？

____

____

(4) 电能表的主要功能是什么？

____

____

(5) 观察你从仓库领的电能表的型号，借助上网查找或查找相关书籍，填写图 5-6。

(6) 阅读下列资料，填写在图 5-7 的空白处。

电能表由驱动元件、转动元件、制动元件、上下轴承、计度器、接线端子盒、底座和表壳等构成。

1) 电压驱动元件：由电压铁心、电压线圈和回磁极组成。

2) 电流驱动元件：由电流铁心、电流线圈和过载补偿装置组成。

3) 转动元件：由转盘和竖转轴用合金（铝）压铸在一起组成。

4) 制动元件：有永久磁铁和转盘，作用是产生制动力矩。

(7) 查阅相关资料，认识三相四线电能表的接线（见图 5-8），回答以下问题。

1) A 代表什么？______________________________

2) B 代表什么？______________________________

3) C 代表什么？______________________________

4) N 代表什么？______________________________

5) 电能表 1-2 接线端子是否相连？______________________________

6) 电能表进线接线端子是多少号？______________________________

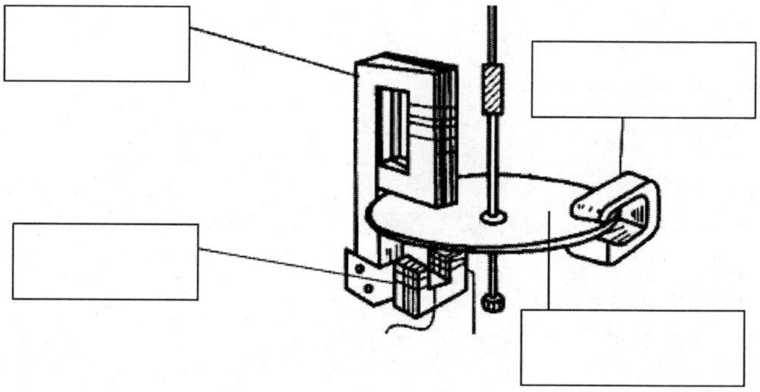

图 5－7　电能表的组成

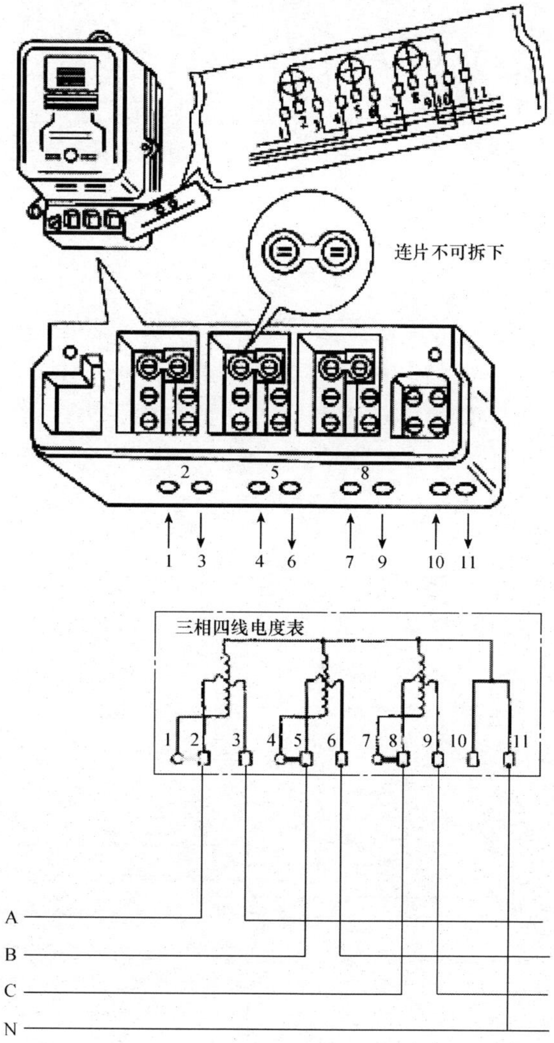

图 5－8　三相四线电能表的接线

7）电能表出线接线端子是多少号？______________________________

2. 认识电流互感器

(1) 借助多媒体上网或查找相关书籍，回答下列问题。

1）图 5－9 中的元器件叫什么？______________________________

2）电流互感器的用途是什么？______________________________

3）电流互感器的英语名称简称是什么？______________________________

4）电流互感器的文字符号是什么？______________________________

5）电流互感器上的准确多少级含义是什么？______________________________

6）电流互感器的电流变比含义是什么？______________________________

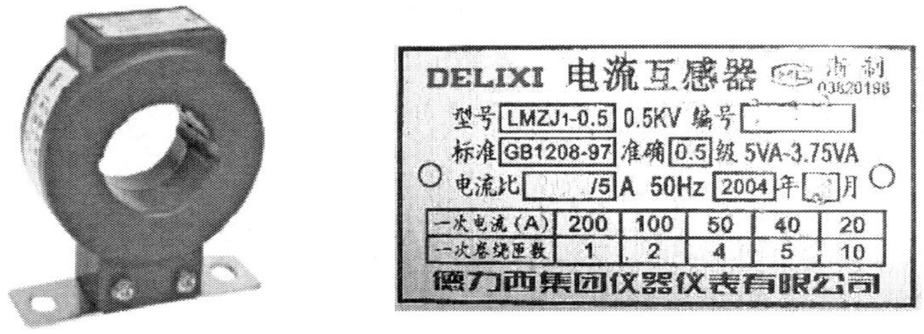

图 5－9　电流互感器

(2) 阅读下列资料，填写图 5－10。

电流互感器的型号（以 LMZ－0.5 型、LFC－10 型、LFC－35 型等为例）：

1）第一个字母表示互感器的名称，如 L－电流互感器，HL－仪用电流互感器。

2）第二个字母表示一次绕组的结构形式或安装形式、第三个字母表示绝缘结构（绕组外绝缘介质形式）的类别，如 A－穿墙式，B－支柱式，C－瓷绝缘式，D－单匝贯穿式，F－复匝贯穿式，G－改进型，J－环氧树脂浇注，L－电缆型，M－母线式，Q－线圈式，R－装入式，W－户外式，Y－低压式，Z－支柱式或浇注绝缘。

3）第四个字母表示电流互感器的功能、第五个字母表示辅助性能，如 B－过电流保护，D－差动保护，J－接地保护或加大容量，X－配电箱适用。

4）连字符前数字表示设计序号，如 LMZ1－0.5 型母线式电流互感器。

5）连字符后数字表示一次额定电压（kV）/准确度等级。

6）数字后的符号表示特殊使用环境代号。

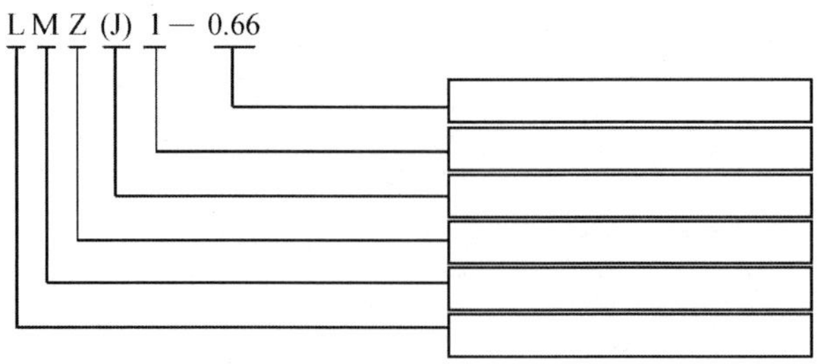

图 5－10　电流互感器的型号

对照你所领取的电流互感器，记录下电流互感器的铭牌内容，并描述它们的含义。

____

____

（3）结合你所领取的电流互感器，判断图 5－11 中哪个是电流互感器的端子标志，在正确的下面打“√”

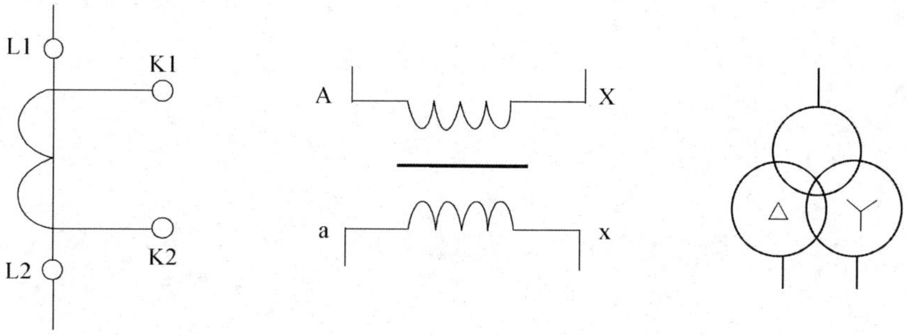

（　　）　　　　（　　）　　　　（　　）

图 5－11　电流互感器的端子标志

（4）请画出电流互感器的两种电气图形符号。

（5）认真学习下列内容，在图 5－12 中标出电流互感器的端子。

极性标志：为了保证测量及校验工作的接线正确，电流互感器一次及二次绕组的端子应有极性标志。一次绕组出线端首端标为 P1（L1），末端标为 P2（L2）。二次绕组出线端首端标为 S1（K1），末端标为 S2（K2）。标志符号的排列应当使一次电流自 P1（L1）端流向 P2（L2）端时，二次电流自 S1（K1）流出，经外部回路流回到 S2（K2）。P1（L1）与 S1（K1）称为同极性端，P2（L2）与 S2（K2）也称为同极性端。通常用符号“·”或“*”标出同极性端 P1（L1）与 S1（K1）。

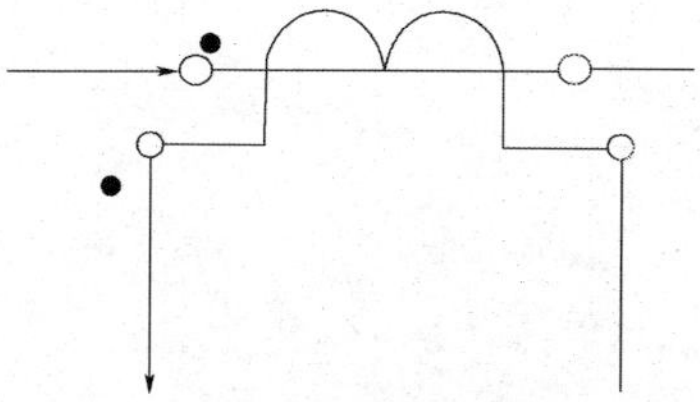

图 5－12　电流互感器的端子

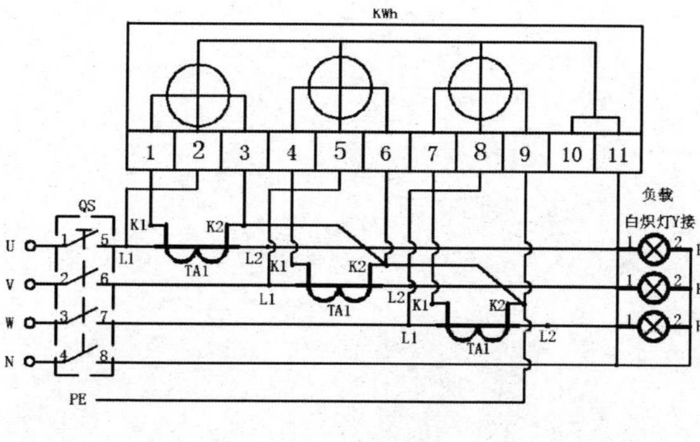

图 5－13　三相四线电能表带互感器电路接线

（6）查阅相关资料，认识三相四线电能表带电流互感器的接线（见图 5－13）。

3. 认识断路器

（1）借助多媒体上网或查找相关书籍，回答下列问题。

1）图 5－14 中的元器件叫什么？______________________

2）断路器的作用是什么？______________________

3）断路器的英语名称简称是什么？______________________

4）断路器的文字符号是什么？______________________

图 5－14　断路器

（2）认真学习下列内容，并填写工作页空白处。

低压断路器又称自动开关，它是一种既有手动开关作用，又能自动进行欠电压、过载和短路保护的电器。它可用来分配电能，避免频繁地启动异步电动机，对电源线路及电动机等实行保护，当它们发生严重的过载或者短路及欠电压等故障时能自动切断电路，其功能相当于熔断器式开关与热继电器等的组合。而且在分断故障电流后一般不需要变更零部件，获得了广泛的应用。

断路器的应用及其工作原理。

1）应用：在低压电器中，作为非频繁接通、断开电路、换接电源和负载，在电路发生短路、过载或欠电压等故障时，能自动分断故障电路，是保护电器。

2）工作原理：依靠手动或电动合闸，触头闭合后，自有脱扣机构将触头锁在合闸位置上。

3）类型：单极、双极和多极。

断路器的保护功能。

1）短路保护：当电路发生短路或较大过电流时，磁力增加将衔铁吸合，撞击杠杆，搭钩松开，触头分断。

2）欠电压保护：当电路电压下降较多或失去电压时，欠压脱扣器磁力减小或失去，其衔铁被弹簧拉开，撞击杠杆，顶上搭钩，触头分断。

3）过载保护：当电路发生过载时，双金属片发生弯曲，撞击杠杆，顶开搭钩，触头分断。

根据以上内容回答问题。

1）低压断路器应用在什么地方？______________________

2）低压断路器的类型有几种？______________________

3）低压断路器有几种保护功能？______________________

4）什么叫短路保护？______________________

5）什么叫欠电压保护？______________________

6）什么叫过载保护？______________________

（3）判断图 5－15 中哪个是你领取的低压断路器，在正确的下面打“√”。

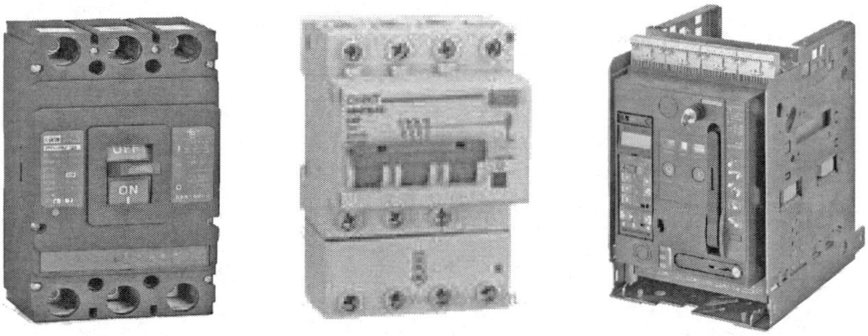

（ ）　　　　（ ）　　　　（ ）

图 5－15

(4) 判断图 5－16 中哪个是你所领取的低压断路器的符号，在正确的下面打“√”

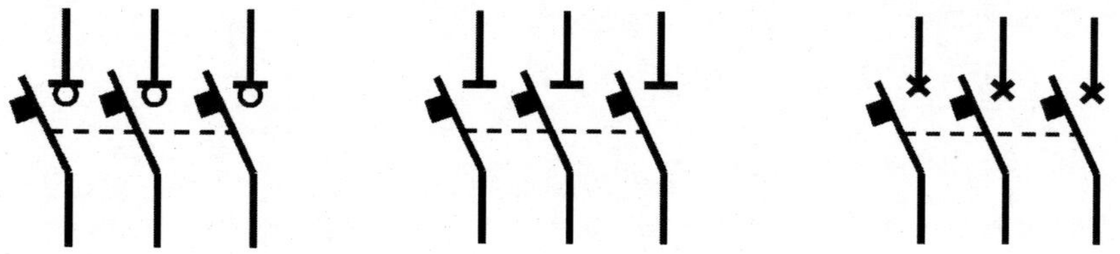

( )　　　　( )　　　　( )

图 5－16

4. 展示与评价

(1) 展示各组同学完成任务的过程和成果，必要时各组可以配备讲解人员，负责讲解过程中的详细操作和使用注意事项。在展示的过程中，以组为单位进行评价，其他组对展示小组的成果进行相应的评价，评价内容为表 5－8 的“小组评价”内容。课余时间本人完成“自我评价”，教师完成“教师评价”内容。

表 5－8　　　　评价表

任务评价表							
班级：＿＿＿＿		小组：＿＿＿＿	姓名：＿＿＿＿		指导教师：＿＿＿＿ 日期：＿＿＿＿		
评价项目	评价标准	评价依据	评价方式			权重	得分小计
			学生自评 20%	小组互评 30%	教师评价 50%		
职业素养	(1) 遵守企业规章制度、劳动纪律 (2) 按时按质完成工作任务 (3) 积极主动承担工作任务，勤学好问 (4) 人身安全与设备安全 (5) 工作岗位 6S 完成情况	(1) 出勤 (2) 工作态度 (3) 劳动纪律 (4) 团队协作精神				0.3	
专业能力	(1) 了解电能表的工作原理，掌握系统接线原理及作用 (2) 掌握电能表的各项参数 (3) 掌握电能表的线路连接 (4) 根据控制要求完成安装与调试	(1) 操作的准确性和规范性 (2) 工作页或项目技术总结完成情况 (3) 专业技能任务完成情况				0.5	
创新能力	(1) 在任务完成过程中能提出自己的有一定见解的方案 (2) 在教学或生产管理上提出建议，具有创新性	(1) 方案的可行性及意义 (2) 建议的可行性				0.2	
合计							

（2）教师点评。

1）找出各组的优点并点评。

2）展示过程中各组的缺点，提出改进方法。

学习活动五　现场施工

【学习目标】

（1）能按照作业规程应用必要的标识和隔离措施，准备现场工作环境。

（2）能按图纸、工艺要求、安装规程要求，进行护套线布线施工。

（3）施工后，能按施工任务书的要求直观检查。

【学习地点】

供配电实训室

【学习课时】

4课时

【学习过程】

（1）引导问题。

1）通过多媒体设备上网或查阅相关“电业安全操作规程、电工手册、电气安装施工规范”等资料。施工前要进行哪些必要的安全隔离措施？顺序是怎样？

____

____

2）施工前必要的安全标识挂于何处，其内容是什么？

____

____

3）电缆线绝缘层的剖削方法和步骤是什么？

____

____

4）电能表和电流互感器的端子如何识别？

____

____

5）电缆线的安装工艺要求有哪些？

____

____

6）低压断路器的安装要求有哪些规定？

____

____

7）电流互感器的安装工艺要求有哪些？

8）低压电能表的安装接线要求有哪些？

（2）安装事项

1）电能表的安装要求。

①直接接通式低压三相及单相电能表安装的基本要求（见图5－17）。

a. 电能表安装的场所应干净明亮，不易受损受震及烟尘影响，无腐蚀气体侵蚀，同时要考虑抄表、校表、检查和更换方便。

b. 电能表的安装高度应使电能表水平中心线距地面距离，室外为1.7～2.0m，室内为0.8～1.8m。

c. 安装在电能计量柜（箱）内的电能表应垂直安装，不得前后左右倾斜。电能计量柜（箱）内的电能表的辅助开关、保险盒等设备应垂直安装，上端接电源侧，下端接负荷侧。

d. 安装在非金属板的电能表、开关等设备的金属外壳，应可靠接地或接零。安装在计量柜（箱）内的电能表的辅助开关、保险盒等设备应垂直安装，上端接电源侧，下端接负荷侧。

e. 在装表接线时，布线应该合理、清楚、整齐、美观；必须严格按照电能表端子盒内的接线图接线，对无接线图的电能表，应先查明内部接线，注意电能表的电流线圈必须串入相线；三相电能表必须按正相序接线，三相四线电能表必须接入零线。

f. 按要求做好保证安全的组织措施和技术措施。

②经电流互感器接入低压三相电能表的安装基本要求（见图5－18）。

a. 高供低计的用户计量点到变压器低压侧的电器距离不宜超过20m。

b. 低压电流互感器的安装应按下列原则进行：电流互感器的安装位置应便于检查及更换，安装必须牢固，其外壳的外露金属应良好接地；电流互感器不允许穿多匝（实际工作中，如果穿心式电流互感器的一次绕组多于1匝时，必须使用绝缘导线绕制，并且应在互感器铁芯上分布均匀）；电流互感器二次侧不允许开路；对双二次电流互感器只用一个二次回路时，另一个次级绕组应短接并可靠接地；低压电流互感器二次侧不接地；低压电流互感器的接线应该正确、牢固。

c. 计量用二次回路的安装应按下列要求进行。二次回路布线应该合理、清楚、整齐、美观；二次回路导线的绝缘不得有损伤，不得有断线、接头，导线与端子的连接必须接触良好；二次回路的电压回路与电流回路应分别进入电能表。

d. 按要求做好保证安全的组织措施和技术措施。

2）电流互感器的安装要求。

①按图施工，接线正确，导线两端编号标记应清楚，标号范围符合规程要求。

②二次回路导线或电缆均应采用铜线，电流互感器回路导线截面积不应小于$2.5mm^2$，

电压互感器回路导线截面积不应小于1.5mm²。

③电流互感器出口第一端子排应选用专用电流端子，电流互感器不使用的二次绕组在接线板处应短路并接地。

④盘、柜内二次回路导线不应有接头，控制电缆或导线中间亦不应有接头，如必须有接头时，应采用其所长的接线端子箱过渡连接。

⑤电流互感器极性不能接反，相序、相别应符合设计及规程要求，对于差动保护用的互感器接线，在投入运行前必须测定两臂电流相量图以检验接线的正确性。

⑥二次回路导线排列应整齐美观，导线与电气元件及端子排的连接螺钉必须无虚接松动现象，导线绑把卡点距离应符合规程要求。

⑦二次回路对地绝缘应良好，电压回路和电流回路之间不应有混线现象。

⑧电流及电压回路，均应在互感器二次侧出口处一点接地。电压回路应有熔断器保护。

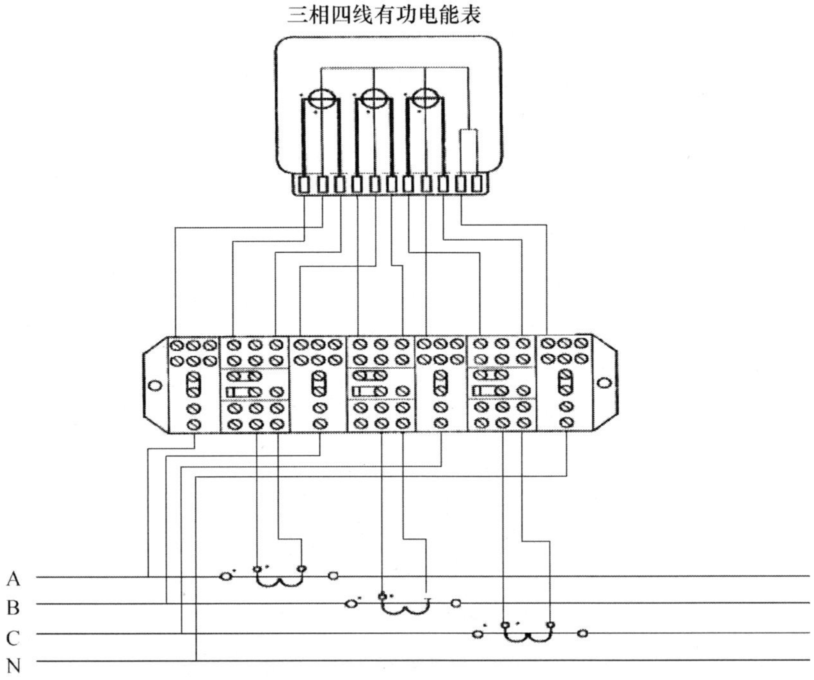

图5-17　三相四线有功电能表安装

（3）制订工作计划并实施。

1）计划的制订需要考虑如下问题。①确定完成任务的工作过程中使用到的电工工具的使用方法和安全注意事项、规程、工艺要求。②制订施工具体步骤。

2）确定工作流程。拿你的计划和小组其他成员的计划比较，相互借鉴、组合、优化，通过讨论定出一个可行的完整计划，并按计划步骤填写下面的工作流程图（见图5-19，方框不够可以另加、有多可以留空白）。

3）现场施工。①在学生施工前，教师要做规范性示范操作。②在学生进行施工时，教师要进行巡回指导，发现问题及时解决。

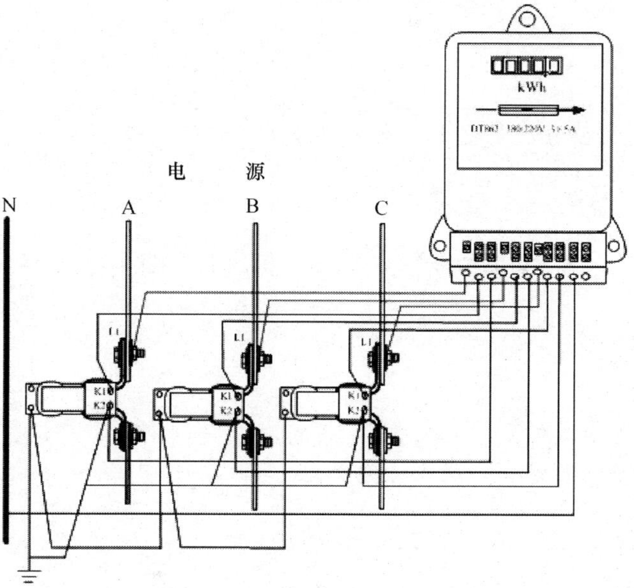

图 5－18　经电流互感器接入低压三相电能表

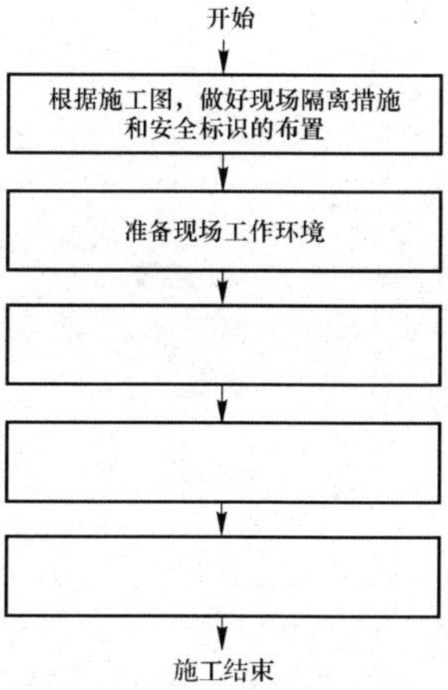

图 5－19　工作流程图

(4) 展示与评价。

1) 在施工过程中，所用到的工具你能否正确使用？能否熟练操作？

____

____

2) 施工是否顺利？能按时完成施工吗？

____

____

3) 小组分工是否合理？是否出现纠纷？配合是否良好？

____

____

4）总结这次任务是否达到学习目标？

____

____

5）有哪些地方需要在今后的学习任务中改良？

____

____

6）各个小组展示施工后的成果，以组为单位进行评价，其他组对展示小组的过程及结果进行相应的评价。评价内容为表 5－9 的“小组评价”内容。课余时间本人完成“自我评价”，教师完成“教师评价”内容。

7）教师点评。

①找出各组的优点并点评。

②施工过程中各组的缺点，提出改进方法。

表 5－9　　　　评价表

<table>
<tr><th colspan="8">任务评价表</th></tr>
<tr><td colspan="2">班级：__________</td><td>小组：__________</td><td colspan="2">姓名：__________</td><td colspan="3">指导教师：__________
日期：__________</td></tr>
<tr><td rowspan="2">评价项目</td><td rowspan="2">评价标准</td><td rowspan="2">评价依据</td><td colspan="3">评价方式</td><td rowspan="2">权重</td><td rowspan="2">得分小计</td></tr>
<tr><td>学生自评
20%</td><td>小组互评
30%</td><td>教师评价
50%</td></tr>
<tr><td>职业素养</td><td>（1）遵守企业规章制度、劳动纪律
（2）按时按质完成工作任务
（3）积极主动承担工作任务，勤学好问
（4）人身安全与设备安全
（5）工作岗位 6S 完成情况</td><td>（1）出勤
（2）工作态度
（3）劳动纪律
（4）团队协作精神</td><td></td><td></td><td></td><td>0.3</td><td></td></tr>
<tr><td>专业能力</td><td>（1）了解电能表的工作原理，掌握系统接线原理及作用
（2）掌握电能表的各项参数
（3）掌握电能表的线路连接
（4）根据控制要求完成安装与调试</td><td>（1）操作的准确性和规范性
（2）工作页或项目技术总结完成情况
（3）专业技能任务完成情况</td><td></td><td></td><td></td><td>0.5</td><td></td></tr>
<tr><td>创新能力</td><td>（1）在任务完成过程中能提出自己的有一定见解的方案
（2）在教学或生产管理上提出建议，具有创新性</td><td>（1）方案的可行性及意义
（2）建议的可行性</td><td></td><td></td><td></td><td>0.2</td><td></td></tr>
<tr><td colspan="3">合计</td><td colspan="5"></td></tr>
</table>

学习活动六　施工项目验收

【学习目标】

(1) 施工后，能按施工任务书的要求直观检查。

(2) 按电工作业规程，作业完毕后能清点工具、人员，收集剩余材料，清理工程垃圾，拆除防护措施。

(3) 能正确填写任务单的验收项目，并交付验收。

【学习地点】

施工现场

【学习课时】

4 课时

【学习过程】

1. 引导问题

(1) 作业完毕后清点所用的工具有哪些？并整理好工具。

____

____

(2) 拆除防护措施的顺序是什么？

____

____

(3) 作业完毕后收集剩余材料，清理工程垃圾的具体工作有哪些？

____

____

2. 低压计量柜安装工艺标准

(1) 计量电流互感器。

1) 电能表及其他设备应分别接于各自专用二次绕组。

2) 计量电路应先经计量专用接线盒后再接入电能表。

(2) 二次电路铜导线截面积。

1) 计量单元的电流电路导线截面积不应小于 $4mm^2$；电压电路导线截面积不应小于 $2.5mm^2$

2) 辅助单元的控制、信号等导线截面积不应小于 $1.5mm^2$。

(3) 二次电路导线外皮颜色如下：A 相为黄色，B 相为绿色，C 相为红色，零线为黑色，接地线为黄和绿双色。

(4) 二次电路和导线的线中间不应有接头，多股导线的端头应镀锡。

（5）电气接地和电气安全防护距离应符合 GB 3906—2006、GB 7251 及 JB 5777.2—2002 的规定。

（6）电能表安装高度及间距。

1）电能表距地面不应低于 600mm；

2）电能表与电能表之间的水平间距不应小于 80mm；

3）电能表与试验盒之间的垂直间距不应小于 40mm；

4）试验盒与周围壳体结构件之间的间距不应小于 40mm；

（7）按《电气装置安装工程盘、柜及二次回路接线施工及验收规范》（GB 50171—2012）规定，二次回路的接线应符合下列要求。

1）按图施工，接线正确。

2）导线与电气元件间采用螺栓、插接、焊接或压接等方法连接，均应牢固可靠。

3）盘、柜内的导线不应有接头，导线芯线应无损伤。

4）电缆芯线和所配导线的端部均应标明其回路编号，编号应正确，字迹清晰且不易褪色。

5）配线应整齐、清晰、美观，导线绝缘良好，无损伤。

6）每个接线端子的每侧接线宜为 1 根，不得超过 2 根；对于插接式端子，不同截面的两根导线不得接在同一端子上；对于螺栓连接端子，当接两根导线时，中间应加平垫片。

7）二次回路接地应设专用螺栓。

8）盘、柜内的二次回路配线。电流回路应采用电压不低于 500V 的铜心绝缘导线，其截面积不应小于 $2.5mm^2$；其他回路截面积不应小于 $1.5mm^2$；对于电子元件回路、弱电回路采用锡焊连接时，在满足载流量和电压降及有足够机械强度的情况下，可采用不小于 $0.5mm^2$ 截面积的绝缘导线。

（8）工程验收时，应对下列项目进行检查。

1）开关安装正确，动作正常。

2）电气器件、设备的安装固定应牢固、平正。

3）电器通电试验、灯具试亮及灯具控制性能良好。

4）电能表端盒等器件外观良好，绝缘器件无裂纹，安装牢固、平正，安装方法得当。

（9）工程交接验收时，宜向用户提交下列资料。

1）配线竣工图，图中应标明低压元器件规格型号、导线截面积和规格型号。

2）开关、电器设备的安装使用说明书、合格证、保修卡等。

（10）各个小组可以通过本教学活动的展示，以组为单位进行评价，其他组对展示小组的过程及结果进行相应的评价，评价内容为表 5-10 的“小组评价”内容；课余时间本人完成“自我评价”，教师完成“教师评价”内容。“自检”和“互检”完成后，学生可会根据自己或同学发现的问题，进行及时修正。

表 5-10　　评价表

<table>
<tr><td colspan="9">任务评价表</td></tr>
<tr><td colspan="2">班级：________</td><td>小组：________</td><td colspan="2">姓名：________</td><td colspan="4">指导教师：________
日期：________</td></tr>
<tr><td rowspan="2">评价项目</td><td rowspan="2">评价标准</td><td rowspan="2">评价依据</td><td colspan="3">评价方式</td><td rowspan="2">权重</td><td rowspan="2">得分小计</td></tr>
<tr><td>学生自评
20%</td><td>小组互评
30%</td><td>教师评价
50%</td></tr>
<tr><td>职业素养</td><td>（1）遵守企业规章制度、劳动纪律
（2）按时按质完成工作任务
（3）积极主动承担工作任务，勤学好问
（4）人身安全与设备安全
（5）工作岗位6S完成情况</td><td>（1）出勤
（2）工作态度
（3）劳动纪律
（4）团队协作精神</td><td></td><td></td><td></td><td>0.3</td><td></td></tr>
<tr><td>专业能力</td><td>（1）了解电能表的工作原理，掌握系统接线原理及作用
（2）掌握电能表的各项参数。
（3）掌握电能表的线路连接
（4）根据控制要求完成安装与调试</td><td>（1）操作的准确性和规范性
（2）工作页或项目技术总结完成情况
（3）专业技能任务完成情况</td><td></td><td></td><td></td><td>0.5</td><td></td></tr>
<tr><td>创新能力</td><td>（1）在任务完成过程中能提出自己的有一定见解的方案
（2）在教学或生产管理上提出建议，具有创新性</td><td>（1）方案的可行性及意义
（2）建议的可行性</td><td></td><td></td><td></td><td>0.2</td><td></td></tr>
<tr><td colspan="3">合计</td><td colspan="5"></td></tr>
</table>

（11）教师点评。

1）找出各组的优点并点评。

2）展示过程中各组的缺点，提出改进方法。

学习活动七　工作总结与评价

【学习目标】

（1）真实评价学生的学习情况。

（2）培养学生的语言表达能力。

（3）展示学生学习成果，树立学生学习信心。

【学习地点】

教室

【学习课时】

4 课时

【学习过程】

（1）同学们以小组形式，通过演示文稿、展板、海报、录像等形式，向全班展示、汇报学习成果。展示内容可以有以下几方面。

1）通过低压计量柜安装过程学到了什么（专业技能和技能之外的东西）？

2）展示你最终完成的成果并说明它的优点。

3）安装质量存在问题吗？若有问题，是什么问题？什么原因导致的？下次该如何避免？

4）讨论你组的成果以什么形式展示？

（2）各个小组可以通过各种形式，对整个任务完成情况的工作总结进行展示，以组为单位进行评价，其他组对展示小组的过程及结果进行相应的评价，评价内容为表 5－11 的“小组评价”内容。课余时间本人完成“自我评价”，教师完成“教师评价”内容。

表 5－11　　评价表

序号	项目	自我评价			小组评价			教师评价		
		10～8	7～6	5～1	10～8	7～6	5～1	10～8	7～6	5～1
1	学习兴趣									
2	任务明确程度									
3	现场勘察效果									
4	学习主动性									
5	承担工作表现									
6	协作精神									
7	时间观念									
8	质量成本意识									
9	安装工艺规范程度									
10	创新能力									
总评										

（3）教师点评。

1）找出各组的优点并点评。

2）展示整个任务完成过程中各组的缺点，提出改进方法。

学习任务六

工厂配电房值班工作

【学习目标】

（1）能独立阅读“企业变、配电室值班工作”的工作任务单，明确值班电工的工作任务要求。

（2）能熟悉企业低压配电室中电气设备图形符号，能读懂低压系统图，描述低压配电室现场特征，制订工作计划。

（3）能熟知各种低压电气柜的组成、功能、日常巡视与常规操作内容。

（4）能根据任务要求，列举所需工具和材料清单，准备工具，领取材料。

（5）按照安全规程掌握必要的安全标识和隔离措施。

（6）按企业变、配电室值班制度进行交接班与值班工作，做好值班记录。

（7）按工作票制度进行停、送电操作，填写相关记录。

（8）工作总结和评价。

【建议课时】

22 课时

【工作流程与活动】

学习活动一　明确工作任务
学习活动二　制订工作计划，工具和材料清单
学习活动三　工作准备与电气图纸的学习
学习活动四　现场巡视维护
学习活动五　现场操作
学习活动六　工作总结与评价

【工作情境描述】

某企业变、配电室根据生产要求与专业技术人才培养，需要增加值班电工。现安排电气专业学生，进入企业完成企业变、配电室值班、操作、低压设备的维修的教学任务，为给企业输送人才做准备。

学习活动一　明确工作任务

【学习目标】

（1）能通过任务单，图纸，变、配电室值班制度获取信息，对工作任务进行了解。

（2）读懂企业变、配电图纸，了解变、配电室内设备布置与安放位置。

（3）了解变、配电室的值班制度、交接班制度、操作要求。

（4）能够与老师、同学、企业人员协作与沟通，确定工作任务的内容。

【学习地点】

一体化教学场地或企业变、配电室现场

【学习课时】

2 学时

【学习过程】

（1）请阅读工作任务单（见表 6－1），用自己的语言描述具体的工作内容。

表 6－1　值班工作任务单

值班地点	XX 自动化设备公司变电所		
值班工作	变电所电气设备运行维护		
值班时间	年　月　日　时	交班时间	年　月　日　时
值班负责人	刘山	电话	89897684
值班员		电话	
值班员		电话	
值班员		电话	
变电所负责人	王海	电话	89895469

（2）引导问题。

1）了解一下变、配电室值班电工的职责是什么？

____

____

2）什么情况下不能进行交接班？

____

____

3）值班人员需要具备什么职业资格证书？

____

____

4）值班员要持什么证件上岗？

5）变、配电室防火有什么要求？

6）巡视检查都有哪些内容？

7）电气设备技术档案有哪些内容？

（3）观看视频，学习变电站设备巡视内容。

（4）根据同学对“值班工作联系单”的理解，完成表 6－2 中“自我评价”内容。

表 6－2　　评价表

序号	项目	自我评价		
		10～8	7～6	5～1
1	学习兴趣			
2	正确理解工作任务			
3	遵守纪律			
4	学习主动性			
5	学习准备充分、齐全			
6	小组活动参与			
7	时间观念			
8	仪容仪表符合活动要求			
9	语言表达规范			
10	工作效率与工作质量			
总评				
		体会：		

学习活动二　制订工作计划，工具和材料清单

【学习目标】

（1）能通过工作单、图纸、变配电室值班制度，对工作任务进行了解。

（2）按工作任务单与企业变配电室值班制度制订值班工作计划。

（3）根据变、配电室的值班制度、交接班制度、操作要求准备工具和材料。

（4）能够与老师、同学、企业人员协作与沟通，做好完成工作任务的安全措施。

【学习地点】

一体化教学场地或企业变、配电室现场

【学习课时】

2 学时

【学习过程】

（1）识读企业变电所、配电所电气图纸（见图 6－1），了解值班工作任务。

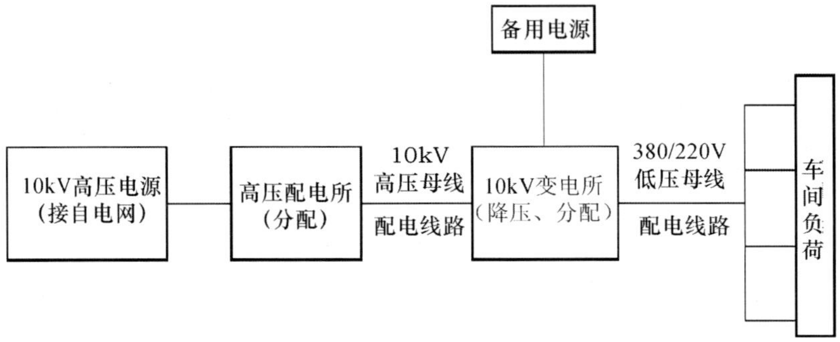

图 6－1　企业变电所、配电所

（2）查找资料完成以下问题。

1）企业变配电所担负的任务是什么？

____

____

2）什么是明备用、暗备用？指出图 6－2 的备用方式。

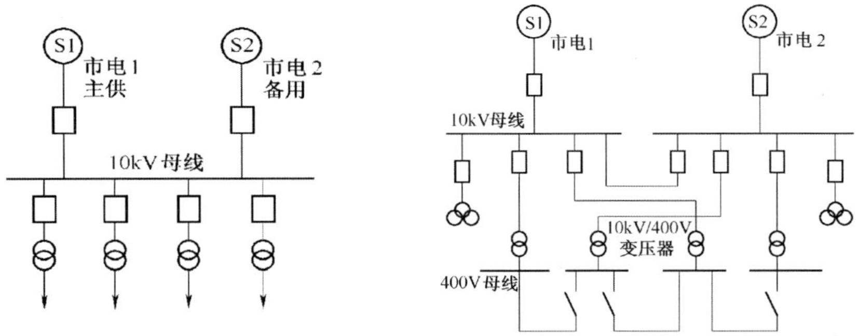

图 6－2　备用方式

3）值班员工作的值班室在位置上有什么特点？

____

____

4）变配电室的电容器的作用是什么？

____

____

5）写出你能想到的值班需要的工具。

______

______

（3）做出交接班工作的计划。

______

______

（4）熟悉变配电室常用工具，填入表 6－3。

表 6－3　　变配电室工具清单

序号	名称	用途	备注
1			
2			
3			
4			
5			
责任人		日期	

学习活动三　工作准备与电气图纸的学习

【学习目标】

（1）能通过对变、配电室图纸的学习，掌握变配电室的设备配置。能看懂控制屏的屏面布置图和继电保护的屏面布置图。

（2）通过电气主接线图的学习，能了解电气一次接线的分类。

（3）会看变、配电室的断面图、平面布置图 、熟悉配电装置的布置和室内配电装置的建造规则。

（4）能看懂电气二次回路的接线图和安装图。

（5）能绘制变、配电室电气一次接线图与二次接线图，及有母线接线各种方式的特点。

【学习地点】

一体化教学场地或企业变、配电室现场

【学习课时】

6 学时

【学习过程】

（1）变配电室电气图纸的学习（见图 6－3、图 6－4）。

（2）引导问题.

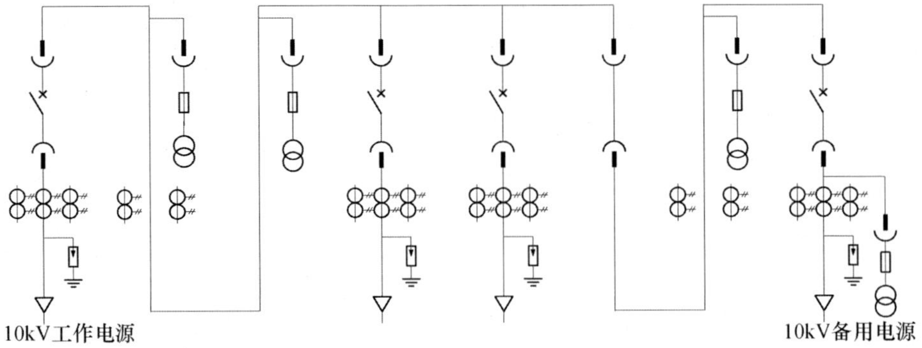

AH1	AH2	AH3	AH4	AH5	AH6	AH7	AH8
电源进线	电能计量	电压测量	变压器保护	变压器保护	隔 离	电能计量	电源进线

图 6－3　一次回路主接线图

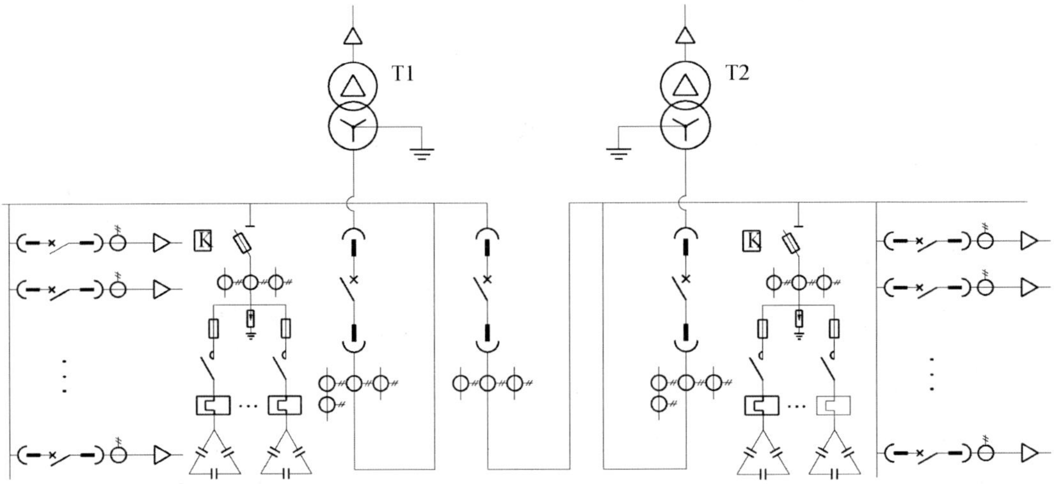

AA1	AA2	AA3	AA4	AA5	AA6	AA7
出 线	无功补偿	低压进线	联 络	低压进线	无功补偿	出 线

图 6－4　二次回路主接线图

1）变、配电所的电气图纸你知道的有哪些？

____

____

2）识读电气主接线图需要掌握哪些知识？

____

____

3）母线的作用是什么？

____

____

4）母线分段有什么意义？

____

____

（3）根据学习条件画出企业10kV变电所的主接线图，熟悉不同的主接线的优缺点，及主接线选择原则。

（4）对绘制的变电所主接线图充分理解，进行评价。

1）根据绘制的变电所电气主接线进行小组讨论，进行评价（见表6－4）。

表6－4　　主接线评价表

变压器台数	
变压器电压（V）	
主接线方案（一次）	
主接线优缺点（一次）	
主接线方案（二次）	
主接线优缺点（二次）	
备注	

2）每组选出有代表性的在全班做展示，进行综合评价（见表6－5）。

表6－5　　评价表

小组	主接线方案	绘图规范	语言表达	综合成绩	老师评价
1					
2					
3					
4					
5					
6					
7					
8					

学习活动四　现场巡视维护

【学习目标】

（1）懂得变、配电室的值班制度，交接班制度，巡视要求。

（2）巡视中充分了解和正确掌握运行中电气设备的健康状况。

（3）通过巡视检查对运行设备加强监视以便及时发现问题进行处理。

（4）能够按要求填写交接班记录。

【学习地点】

一体化教学场地或企业变、配电室现场

【学习课时】

4 学时

【学习过程】

（1）根据企业变电所交接班制度回答问题。

1）接班人员接班前要了解哪些情况？

____

____

2）交接班中出现事故，接班人员听谁的指挥参加处理事故？

____

____

3）接班人员因故未能按时到班，交班人员如何处理？

____

____

4）填写交接班记录（见表 6－6）。

表 6－6　　交接班记录表

日期		交班人	运行状况	设备变更	接班人
月	日				

（2）巡视检查。

1）你是否按规定路线进行巡视检查？

____

____

2）巡视中你是否发现设备的异常状况？如果有异常如何处理？

____

____

3）你所在的变电所，每班正常巡视要多少次？都是什么时间去巡视？

____

____

4）大风前后的巡视要重点注意哪些项目？

____

____

5）闭灯巡视主要重点检查哪些项目？

____

____

6）巡视后要做哪些记录？

____

____

7）填写值班记录表（见表6－7）。

表6－7　　　　配电室值班记录　　　　年　月　日

变压器室（低压室）								高压开关室			存在问题
1#变压器三相温度	A相			1#变压器4#进线控制柜负载电流	机械车间	A相		高压进线变压柜	电压（kV）		
	B相					B相					
	C相					C相			电流		
2#变压器三相温度	A相				办公楼	A相					
	B相					B相		计量柜	有功表		
	C相					C相			无功表		
1#变压器1#进线总控制柜电压三相电流	电压			2#变压器6#进线控制柜负载电流	装配车间	A相		1#变压器出线柜储能开关	正常		
	A相电流					B相					
	B相电流					C相					
	C相电流				成品仓库	A相			不正常		
1#变压器2#进线电容柜电压三相电流及功率因数	电压					B相					
	A相电流					C相					
	B相电流				质检中心	A相		2#变压器出线柜储能开关	正常		
	C相电流					B相					处理情况
	功率因数					C相					
1#变压器3#进线控制柜负载电流	1#宿舍楼	A相		2#变压器7#进线电容柜电压电流及功率因数	电压				不正常		
		B相			A相电流						
		C相			B相电流						
	2#宿舍楼	A相			C相电流						
		B相			功率因数						
		C相		2#变压器8#进线总控制柜电压电流	A相电流						
	中央空调	A相			B相电流						
		B相			C相电流						
		C相									
	空调副机	A相		5#联络柜							
		B相									
		C相									

学习活动五　现场操作

【学习目标】

（1）通过学习了解企业变、配电所操作规程。

（2）熟悉变、配电所设备位置，操作要领。

（3）熟悉操作票制度，按操作票执行操作。

（4）掌握低压送、停电操作技能。

【学习地点】

一体化教学场地或企业变、配电室现场

【学习课时】

4 学时

【学习过程】

（1）学习变电所一般操作要求，回答下列问题。

1）变电所操作时必须两人进行，为什么？如何分工？

____

____

2）高压开关操作顺序？

____

____

（2）学习倒闸操作票，回答以下问题。

1）操作票上有哪些主要内容？

____

____

2）填写操作票时要填写哪些内容？

____

____

（3）学习变电所停送电操作，回答以下问题。

1）送电前要检查的内容有什么？

____

____

2）送电前的准备有哪些？

____

____

3）停电的顺序如何？

____

____

4）填写停送电操作票并实施操作（见表6－8）。

表6－8 **操 作 票**

XX工厂变电所： 年 月 日

操作人		监护人		值班员	
操作任务					
操作时间					
序 号	操 作 项 目				完成情况
1					
2					
3					
4					
5					
6					
7					
8					
备注					

注 操作完成一项在其序号前打“√”。

学习活动六 工作总结与评价

【学习目标】

（1）公平公正地评价自我及本小组的工作，并能虚心接受他人的意见和建议。

（2）公平公正地评价其他同学及其他小组的工作，汲取他人的优点，发现问题，引以为戒。

【学习地点】

一体化教学场地或企业变、配电室现场

【学习课时】

4学时

【学习过程】

（1）各个小组可以通过各种形式，对整个任务完成的情况进行工作总结。

（2）各小组进行展示，以组为单位，展示形式不限，进行综合评价，填写评价表（见表6－9），最后老师点评，总结本工作任务完成。

表6－9　　评价表

序号	项目	自我评价			小组评价			教师评价		
		10～8	7～6	5～1	10～8	7～6	5～1	10～8	7～6	5～1
1	学习兴趣									
2	任务明确程度									
3	查阅资料能力									
4	设备熟悉程度									
5	值班巡视表现									
6	现场安全防范意识									
7	遵守操作规范									
8	职业素养									
9	小组活动与协作									
10	出勤与遵守纪律									
总评										

参　考　文　献

［1］ 刘介才．供配电技术［M］．北京：机械工业出版社，2000.

［2］ 徐滤非．供配电技术［M］．北京：机械工业出版社，2009.

［3］ 唐海．建筑电气设计与施工［M］．北京：中国建筑工业出版社，2000.

［4］ 刘燕．供配电技术［M］．西安：西安电子科技大学出版社，2007.

［5］ 白公．怎样阅读电气工程图［M］．北京：机械工业出版社，2001.

［6］ 张莹．工厂供配电技术［M］．北京：电子工业出版社，2006.

［7］ 谈笑君．变配电所及其安全运行［M］．北京：机械工业出版社，2003.